高度城市化地区

城市更新规划管理关键技术及应用

李 江 缪春胜 编著

中国建筑工业出版社

前言

FOREWORD

改革开放以来，我国经历了世界历史上规模最大、速度最快的城镇化进程，全国城镇化率从 20 世纪 80 年代的 20% 增长到当前的 65%，伴随城镇人口的快速增长、居住环境的持续改善和城市经济的迅猛发展等，城市各类用地需求也不断扩大，相应的城市空间规模也呈现外延式扩张趋势。2019 年 5 月，中共中央、国务院发布了《关于建立国土空间规划体系并监督实施的若干意见》，自然资源部发布了《关于全面开展国土空间规划工作的通知》，标志着全国各地全面启动国土空间规划编制工作。在国土空间规划编制中，“城市开发边界、生态红线、永久基本农田”的划定是核心内容之一，这三条线已成为调整经济结构、规划产业发展、推进城镇化建设不可逾越的红线。

伴随国土空间规划的编制，越来越多的城市面临空间转型发展的挑战，在新增建设用地指标严格控制的形势下，城市更新则备受关注，并且成为诸多城市解决空间资源紧缺的重要途径。深圳、上海、广州、杭州、重庆、成都、西安等城市先后出台了城市更新管理办法或条例，对于指导城市更新有序推进发挥了重要作用。

当越来越多的城市进入存量发展阶段，城市更新就成为优化城市空间结构、提升城市环境品质、促进产业转型升级、提高人居环境质量的重要途径。那么城市更新的本质是什么呢？城市更新是城市新陈代谢的一个必然过程，是城市物质结构变迁的一种表现形态。“城市更新”不同于传统意义上的“旧城改造”或“旧城改建”，其内涵不只关注拆旧建新或是城市物质环境的改善，而是反映了城市综合性的可持续发展目标，意在通过一种综合的、整体性的理念和行为来解决各种各样的城市问题，强调在经济、社会、物质环境等各个方面对处于变化中的城市做出长远的、持续性的改善和提高。从这个意义上讲，“城市更新”是综合协调和统筹兼顾的目标和行动，是解决城市问题行之有效的综合性手段。广义地讲，城市更新是城市社会发展的必然结果，它伴随着城市发展的全过程，适应着不同时期人们的需要。

国内外经验表明，城市更新在促进城市空间与功能调整、提高土地利用效益、推动产业结构转型、复兴社区活力与振兴地方文化等方面具有重要意义。目前，西方国家的城市更新关注的焦点已超越物质空间的规划和组织，重点研究政府如何通过公共干预行为来实现旧城的复兴与历史文化保护。国内城市更新近 20 年的研究成果也突飞猛进，从过去的案例借鉴或单一改造类型在技术方法上的探讨，转向关注城市更新在社会民生、历史文化、产业转型、政策制度设计等多个方面；从规划编制体系到制度的顶层设计，从物质空间形态到权益公平分配等进行了全面尝试和创新。但毕竟城市更新工作是一项复杂的系统性工作，它以整个城市为研究对象，从经济、社会、环境、管理、规划建设等多视角，对城市整体层面进行综合集成的规划研究成果仍然较少，至于已形成较为完善的城市更新规划管理体系及与之相配套的更新政策更是凤毛麟角。

作为中国高度城市化的地区，深圳以改革创新为核心动力推动城市经历了 45 年的高速发展，在经济社会、城市建设全面取得辉煌成就的同时，也面临着土地资源日趋紧张、环境承载力不堪重负、创新空间不足、高品质公共设施缺乏、人居环境有待提高等挑战。面对高质量发展中涌现的诸多问题，过去传统的土地利用方式和经济增长方式难以为继，城市更新则成为深圳解决城市存量问题的重要抓手。相较于城市新增土地开发建设而言，城市更新工作则更加复杂，一是城市更新涉及利益主体多元，用地产权往往分散在多个主体中，还可能存在一定比例的未确权用地，需要在二次开发过程中兼顾各方利益，包括政府代表的城市公共利益等，以实现发展共赢。二是城市更新改造方式复杂，既有整体性的拆除重建方式，也有保留空间肌理和历史文脉的有机更新方式，两种方式各有其优劣，需要结合现状基础条件、城市功能优化目标、经济可行性等多种因素加以合理的抉择。三是城市更新开发建设用途和容积是确定项目能否实施的关键，不同的土地利用性质及其市场预期和利润空间相差巨大；容积率的高低也是决定更新改造项目利润空间的关键性指标。要解决上述关键性问题，就必须通过系统性思维借助多要素的模型构建工具箱或模型库，并有机结合定性分析和定量模拟计算，辅助以相应的配套政策等，尽可能地做到社会经济与城市环境的平衡、相关权益方的发展与城市承载力的平衡、各方利益诉求的平衡等，也只有如此，城市更新工作才能够健康、有序地推进。

从2004年开始，以城中村改造为切入点，深圳率先在全国启动了城市更新工作，为城市提供存量发展空间的同时，在经济、社会、历史文化保护等方面也取得了一定积极成效，相关经验也经学界和业界各位同仁的努力，已转化成政策法规和规划研究等成果。深圳在城市更新方面取得一定成就的经验，是构建了一套以法律法规为顶层设计、以技术标准与专项规划为中坚保障、以单元计划—单元规划为实施指引的城市更新管理机制，形成了能快速反应并解决问题的“规划 + 政策 + 管理”自适应迭代路径。因此，本书在大量研究的基础上，结合笔者近20年来参与深圳市、区两级城市更新专项规划、更新政策研究制定过程中的经验，撷取其中技术层面的关键创新及其应用场景进行系统性总结研究，呈现了深圳城市更新政策规划制定过程中，从识别关键问题，到锁定关键技术方法，再到将技术方法转化为规划或政策的全过程，以期为高度城市化地区规范城市更新、引导市场积极参与、创新规划编制技术方法等提供有益借鉴。

本书主要内容分为三大部分。

第一部分为第1章导论，本章开宗明义，基于深圳城市更新经验，梳理总结了深圳城市更新的三大结构性问题：一是拆除重建主导、系统发展失衡；二是公益保障不足、权益分配不均；三是整治手段薄弱、权益分配不均等。针对这三个关键性问题提出引导目标，并对落实目标的关键技术开展研究，搭建了通过规划和政策两大体系予以保障和落实的总体研究框架。

第二部分由第 2 ~ 4 章组成，分章节深入阐述了解决上述三大问题的关键技术，每个领域又具体分为若干细分领域，详细介绍了引导目标和关键技术方法，其中：

第 2 章重点为强化城市更新分区指引，将全局性的规划要求传导至微观项目单元开发。针对更新方式以拆除重建为主、局部容量过载、规划统筹不足等问题，创新性地提出城市更新潜力综合评价技术、城市更新分区划定技术和预警评估技术，划定城市更新模式分区、建立城市更新预警机制，引导城市更新有促有控、多措并举等。

第 3 章重点为基于利益平衡下保障公共利益贡献的模型研究。在分区引导基础上进一步针对拆除重建类项目公共利益保障不足、利益分配不均的问题，提出更新单元内部公共利益用地贡献、外部公共利益用地贡献和保障性住房贡献等三种公共利益保障模式，分别建立贡献比例与合法用地指标、容积率或地价的关联模型，寻找利益平衡点，合理激励更新贡献，最大程度保障和增进公共利益。

第 4 章重点为创新综合整治模式，鼓励品质特色发展。针对城中村拆除重建预期过高、综合整治动力不足、文化特色缺失等问题，重新评估城中村在历史文化保护、保障低成本住房方面的价值，提出城中村保留、推动城中村有机更新、实现人居环境改造和历史文脉传承的引导目标，统筹划定城中村综合整治区，创新综合整治模式。

第三部分由第 5、6 章组成，其中：

第 5 章重点介绍了上述技术的应用场景，重点是技术方法如何转化为规划条文或政策法规，从而通过法治化、制度化的方式，达到预期的调节目标。

第 6 章针对当前深圳城市面临的新问题，对未来技术创新和政策研究方向进行分析展望。

本书是在由深圳市规划国土发展研究中心城市更新项目团队承担完成的《深圳市城市更新“十三五”规划》《深圳市城市更新和土地整备“十四五”规划》《深圳市有机更新政策研究》《深圳市城中村综合整治规划编制技术规定》《城市更新项目外部移交用地调查及政策优化研究》等一系列课题研究基础上，通过提炼并将关键技术部分萃取出来进行有机整合而形成的研究成果。书中图表未标注来源的均为本书作者自摄或自制。在书稿的撰写过程中得到戴晴主任、邹兵总师，以及周丽亚、谭艳霞、王旭、朱旭佳、水浩然、刘赛等同志的大力支持，在此一并表示衷心感谢！

目录

CONTENTS

第1章

导论

- 深圳城市更新历程
- 深圳城市更新特征
- 难点问题剖析
- 研究思路与框架

1.1 深圳城市更新历程

深圳作为全国一线城市、超大城市，其市域面积却十分狭小，与国内其他城市相比，深圳的辖区面积仅相当于北京的 1/8、上海的 1/3、广州的 1/3.7、天津的 1/6 和苏州的 1/4.3，且建设用地开发强度超过 50%，在国内率先步入存量发展时代。深圳城市更新大致经历了四个阶段，即城市起步期、快速扩张期、稳定发展期和优化提升期，每个阶段都面临着迫切需要解决的问题，通过迭代积累了丰富的城市更新实践经验。

（1）第一阶段：城市起步期，自发性的单体建筑更新（20 世纪 80 年代初至 90 年初）

20 世纪 80 年代早期，在罗湖口岸、上步、沙头角、蛇口等靠近口岸的先发地区，就已经出现了村民自发对住宅的改造建设活动。由于总体规模比较小，政府总体持默认的态度，只是要求不得额外占用土地。20 世纪 80 年代后期，伴随特区经济发展，村民的自发建设活动开始出现蔓延趋势，政府出台了禁止违章建设活动的政策，但此时大多数尚未对自有住宅进行改造的村民或持观望态度的居民自发建房的热情已经被调动起来了。这个阶段的自发改造多数没有经过规划指导，旧村自改成为城市面貌较为混乱的因素之一（图 1-1、图 1-2）。

（2）第二阶段：快速扩张期，市场推动的小规模更新（20 世纪 90 年代初至 21 世纪初）

20 世纪 90 年代以后，深圳经济保持高速增长势头，城市化进程也加速推进，城市面貌焕然一新，涌现了一批现代化的产业建筑和住宅小区（图 1-3）。而与此同时，由于历史原因，还有大量建设用地掌握在旧村股份公司和村民手中。随着制造业快速发展，外来务工人员涌入深圳，传统封闭式工厂宿舍无法满足大规模的居住需求，由村居改造

图 1-1　深圳特区成立之前的小渔村

图 1-2　20 世纪 80 年代的深圳

的出租用房，由于租金低廉、区位便利，成为外来务工人员居住的优先选择。旧村股份公司和村民纷纷自建住宅出租，“城中村”至此登上历史舞台。随着城市空间结构日益完善，以市场为动力的企业自发更新正悄悄展开，八卦岭、上步等一批地处早期城市边缘的工业区，凭借城市拓展带来的区位变化，依托原有基础逐步转型为以服装、电子为特色的商贸区，呈现一片繁荣景象。这个阶段是深圳城市更新问题全面爆发的阶段，但由于对问题和成因并没有充分的研究，政府也只是采取“头痛医头、脚痛医脚”的方式治理，没有从改变城市更新的思路和管理方法方面去深入思考。

图 1-3　20 世纪 90 年代的深圳

（3）第三阶段：稳定发展期，专项政策引导下的空间改造升级（2004 年至 2009 年）

进入 21 世纪，深圳城市发展进入稳定期，随着特区政策优势的减弱，由于自身资源条件的限制、产业结构的不合理，以及不断增加的人口压力，深圳市提出“二次创业”的口号，提出转变土地供需结构，开始着手进行以城中村和旧工业区改造为重点的城市更新。2004 年 10 月，深圳市政府召开全市查处违法建筑暨城中村改造工作动员大会，拉开了新时期深圳城市更新工作的大幕。随后，市政府出台了一系列相关政策法规，并设立市、区两级专职机构指导城中村及旧工业区升级改造，使城市改造工作得到稳步而全面的推进，这也标志着深圳城市更新由早期个体自发自觉改造向理性秩序方向的转变。

（4）第四阶段：优化提升期，系统性政策引导下的城市更新（2009 年至今）

2009 年，广东省全面启动了旧城镇、旧村庄、旧厂房的改造（以下简称“三旧改造”）工作。深圳借助广东省三旧改造契机，颁布了《深圳市城市更新办法》（以下简称《办法》），允许市场主体、集体股份有限公司继受单位和政府等多种主体，开展以拆除重建、综合整治和功能改变为手段，以城中村、旧工业区、旧居住区、旧工商混合区为对象的更具综合性、更注重城市品质和内涵提升的“城市更新”，深圳城市建设进入存量优化、质量提升阶段。2009 年底由深圳市人民政府颁布的《办法》及 2012 年出台的《深圳市城市更新办法实施细则》（以下简称《实施细则》），提出了深圳市城市更新的目标、原则、主体，对更新对象、更新方式、更新流程作出了全面规定，是当前深圳市城市更新工作的最高纲领。

《办法》奠定了深圳城市更新的主基调，即“政府引导、市场运作”。土地使用权人、政府和其他符合规定的主体都可以参与更新，突破了经营性建设用地必须通过招拍挂出让的政策限制，允许通过协议方式向原权利人出让土地，使得更新前后土地使用权衔接更加顺畅，大大激发了市场的积极性。《办法》明确了多元化的更新对象和更新方式，更新对象范围扩大到旧工业区、城中村、旧商业区、旧住宅区、旧屋村等类型，更新方式包括综合整治、功能改变、拆除重建等类型。《办法》还突破权属和土地利用类型限制，拓展了控制性详细规划内涵，以完善城市功能和空间结构为主旨，创新提出单元更新模式，以单元为基础协调各方利益，保证公共责任落实；单元内允许存在一定比例的合法外用地，通过补缴地价且贡献公共利益项目用地后转化为合法用地进入市场流通，为化解深圳历史违法建设提供了重要途径。将更新单元作为基本开发单元，形成计划—规划—实施构成的单元管理全链条，由市场主体按照政府制定的标准和规则，申报计划、编制规划、开发实施。

《实施细则》从加强城市更新规范性和操作性的角度，对《办法》已有的条文进行了明确和细化，对未涉及的重点内容进行了补充规定。一是明确了三类更新模式的适用范围和操作程序，提出了更新规划与计划管理体系。二是加强了实施主体监管，针对多个权利主体引发改造纠纷的问题，要求必须形成单一主体后方可实施。三是加强了更新落实公共利益要求，尤其是承担拆除重建类项目用地贡献、捆绑拆迁、保障性住房配建等多种社会责任，发挥城市更新对城市整体品质提升的积极作用。四是强化公众参与，通过更新意愿征集、已批计划公告、更新单元规划公示、征求利害关系人意见等多种方式，在各个环节实现公众参与，保障权利人的知情权和参与权。

1.2　深圳城市更新特征

全面推进城市更新，向存量土地要效益，已成为深圳挖掘用地潜力、拓展发展空间、优化城市结构、提高城市公共服务水平的必然选择。经过 20 多年的探索与实践，深圳的城市更新构建了一整套从政府到市场、从宏观到微观、从规划到政策的制度设计，形成了以“政府引导、市场运作”为核心理念、以“公益优先、利益共享”为基本原则、以“规划统筹、单元管理”为实施保障的深圳城市更新模式，有效地推动了深圳近年来的更新工作。

截至 2021 年 12 月 31 日，深圳市累计列入城市更新单元计划 979 项，拟拆除范围用地面积 82km^2，累计完成城市更新用地供应 25km^2。在民生保障方面，通过城市更新规划中小学 188 所、提供学位 23 万个；在经济发展方面，通过城市更新累计拉动固定资产投资超过 10000 亿元；在社会效益方面，通过城市更新规划商品住房 85 万套，公共住房 28 万套，保障各类住房供应成效显著。规划创新型产业用房约 200 万 m^2，为创新发展提供低成本空间，打造优质营商环境。目前，城市更新已成为深圳优化城市功能结构、完善公共配套设施、提高城市综合服务水平的重要手段之一。

总结深圳在城市更新工作的经验和做法，可以归纳为以下几点。

①建章立制，厘清政府与市场关系。以《深圳市城市更新办法》和《深圳市城市更新办法实施细则》为纲，构建了涵盖政策—技术—操作三个层面的制度框架。以“政府引导、市场运作”为核心理念，一方面明确政府在城市更新工作中编规划、定政策、搞统筹、抓监管的职责，建立了全市—各区—更新单元的规划编制与传导体系、城市更新单元计划申报制度及更新单元规划审批制度，制定了容积率审查及奖励规则、公共服务及基础设施贡献要求、政策性用房配建规则等技术标准。通过一系列政策组合拳，既确保了城市更新项目推进与城市总体发展目标相一致，也保障了公共利益的有效落实。另一方面明确市场单位是推动城市更新项目的主体，充分发挥市场的能动效应，在符合市—区两级更新专项规划的基础上，鼓励市场单位（包括原权利人）自行划定城市更新单元范围（须符合相关规定）、自行组织城市更新单元规划编制，在规划审批通过后，由市场主体负责拆迁谈判、安置补偿、开发建设等具体实施。政府与市场各司其职，共同推动城市更新工作，实现多方共赢。

②市场运作，创新土地管理制度。在过去的土地管理中，有关“更改经营性用地，政府必须先收回，再经过招拍挂方式确定实施主体”的要求极大限制了市场单位参与城市更新的积极性。在《广东省人民政府关于推进“三旧”改造促进节约集约用地的若干意见》的基础上，2012 年出台的《深圳市城市更新办法实施细则》明确提出允许原权利人自行改造、委托市场主体、联合改造等不同路径，拟改造的原权利人土地无须经过政府收回再招拍挂出让，而是采取协议方式出让给参与改造的实施主体，这项政策大大激发了市场单位参与更新改造的积极性。另外，通过及时调整容积率审查规定，在环境、市政、交通承载力允许的情况下，以法定图则和《深圳市城市规划标准与准则》（以下简称《深标》）为基础，

允许城市更新项目按照规则适度提高容积，充分保障原业主和市场主体对于存量用地二次开发的合理诉求。同时，在地价测算方面，深圳城市更新取消了过去以市场评估地价为基础的测算体系，取而代之的是以公告基准地价标准为基础的地价测算体系，大大降低了市场主体的改造成本。从允许单一业主自行改造，到容积率的适度上浮，再到公告基准地价的测算体系等，接二连三的利好政策不断刺激市场活力，推动深圳的城市更新工作有条不紊地进行。

③公益优先，持续提高城市公共服务水平。保障公益是深圳市城市更新坚持的一项基本原则，主要包括无偿移交用地建设公共服务及基础设施、配建政策性用房等。《深圳市城市更新办法》规定：所有的城市更新项目无偿移交给政府的用地必须大于 3000m^2，且不小于拆除范围用地面积的 15%，其中配建的政策性用房包括人才住房和保障性住房（按住宅规模的 15% ~ 35% 配建），以及创新型产业用房（按产业用房规模的 12% ~ 25% 配建）。配建的公共配套设施按法定图则和相关技术规范要求落实，同时还须结合项目情况增配一定的幼儿园、社会康养中心、垃圾转运站等设施，这些配套设施均由更新项目实施主体进行建设，建成后产权无偿移交给政府。另外，政府还制定了相应的奖励措施，对更新项目贡献公益用地、配建公益用房给予一定的容积率转移和奖励。

④面向实施，建立城市更新单元制度。突破过去以单一宗地为改造对象的传统管理方式，按照成片连片改造思路，建立了城市更新单元管理制度。列入计划的城市更新单元允许原业主自行编制更新单元规划，以进一步确定更新项目的拆迁范围、用地规模、功能布局、公共利益、实施捆绑及分期实施计划等。规划编制过程中广泛征求相关权利主体意见，充分体现“多元参与”“协商式”的规划特点。城市更新单元规划经区政府审议通过后报深圳市规划委员会下设的专业委员会进行审批。审批通过后，城市更新单元规划的法定效力等同于法定图则，可以作为规划管理和行政许可的依据。

⑤有机更新，推进城市绿色发展。习近平总书记视察广东、深圳时曾指出：城市规划建设要高度重视历史文化保护，不急功近利、不大拆大建，更多采用“微改造”这种绣花功夫，让城市留下记忆，让人们记住乡愁。深圳的城市更新工作这几年也在不断调整城市更新的

方向和结构，一是限定拆除重建的规模，特别是对城中村这一承载了一代特区开拓者历史记忆的场所规划了保护范围，明确提出全市 56% 的城中村不得拆除重建，只能采取综合整治的方式对其进行改造；二是设立综合整治专项资金，对在城中村内开展的消防安全治理、居住环境净化、危险边坡治理、配套设施完善、建筑立面美化、沿街景观改造等内容，政府出资给予一定的补贴；三是引导产业运营商积极参与工业区转型升级，在满足结构安全和消防要求的前提下，鼓励开展以综合整治为主的改建、加建和扩建。

1.3 难点问题剖析

虽然深圳城市更新取得了显著的成效，但是作为高度城市化地区，深圳城市更新需解决的问题，不仅是城市物质空间的老化，更是城市发展中的结构性衰退和功能性失衡。而市场更新过于强调效率优先，形成了新的风险和挑战：一是更新方式以拆除重建为主，空间与经济、社会、生态发展协调不足，局部地区容量过载，设施配套难支撑；二是城市更新涉及多方利益主体的博弈，市场主体为实现城市更新项目收益最大化，倾向选择与原村民“谈得拢”、拆迁难度低的项目，在一定程度上会造成空间分布碎片化、公共利益保障不足、权益分配不均等问题；三是综合整治手段单一、实施动力不足，难以落实基本的安全与服务设施，特色风貌营造、历史文化保护等高质量改造要求更无从谈起。

1.3.1 拆除重建主导、局部容量过载

以市场为主导的更新项目逐利性强，难以满足城市多元更新的需求。九成左右的项目都是拆除重建类更新，而对用地规模与建筑规模都处于高位运行的深圳而言，实际上需要更多的综合整治类项目。更新区位上，目前的市场主体更偏好在地铁站点沿线或城市中心区等优势区位进行项目选址，但就城市发展而言，从公共配套设施完善和产业转型升级

的视角来看，设施缺乏比较严重的区域或需要进行产业升级的园区也需要进行合理的项目布局。

单点突破，自下而上的项目式更新无法实现片区或地区层面的容量管控要求。全市已批立项的项目达 1000 多个，未来将产生的开发建筑规模约 2.5 亿 m^2，也就意味着将在现有建筑规模 11 亿 m^2 的基础上再增加 20% 左右。此外，根据规划上限开发容量与现状建筑规模之间的差值分析得出，全市近 1/3 地区的现状建筑面积已超图则规划容量上限或仅有少量的建筑增量（不足 20 万 m^2）（图 1-4）。

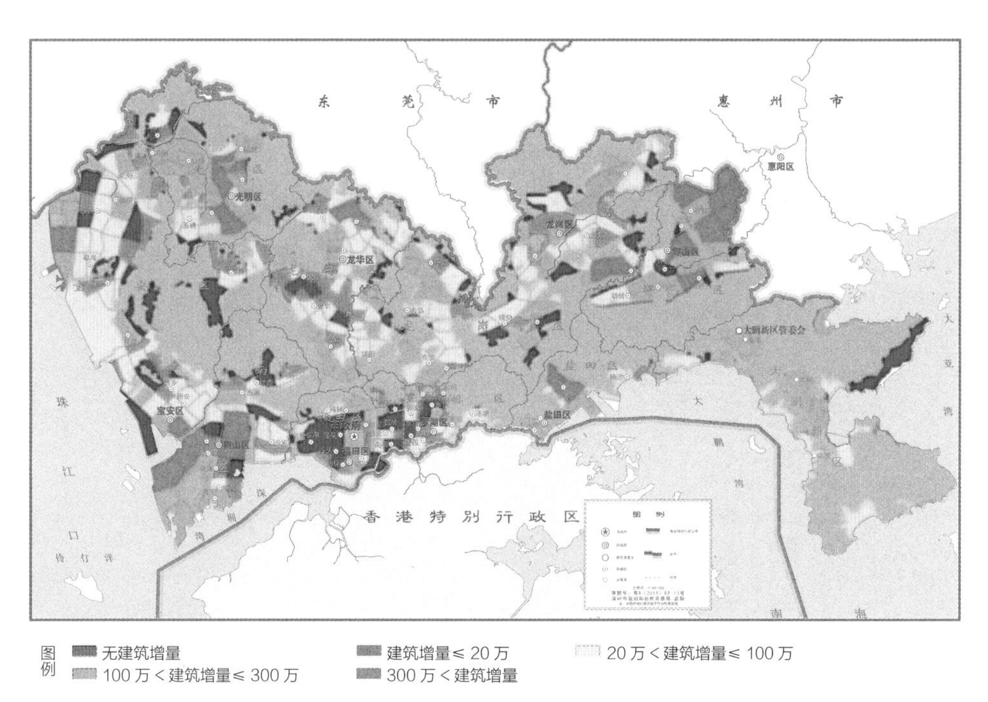

图 1-4　基于规划一张图与现状建筑普查数据的图则分区增量示意

1.3.2 公益保障不足、权益分配不均

公共服务设施配套存在合成谬误。市场申报更新项目之间各自为政，统筹协调有待加强。单个更新项目的规划方案虽然都符合《深标》的规范要求，在不考虑外部性的前提下，合成谬误导致已批规划配建的中小学和医院不能满足全部更新项目自身的配套需求。以教育学位供给为例，不少小规模的旧工业区改造为居住类的更新项目根本无法配套新增小学用地，学位缺口的累计叠加效应将导致更新整体难以满足学位供给的新增需求。以图 1-5 中某区某大道沿线区域为例，在 2 ~ 3km^2 的区域内，分布着数十个更新项目，它们之间的功能联动、产业协同、配套互补、形态协调、风貌统一等各方面的统筹效果都显得有些苍白。

图 1-5　某区已批更新单元计划项目分布示意（图中紫色为单个项目地块）

公共利益保障仍显不足。主要表现在三个方面：一是城市更新内部配建公共服务设施规模不一，市场在选择项目上“挑肥拣瘦”，规划公共设施贡献规模超过基准贡献率的片区缺少市场主体开发实施。二是随着人口持续净流入，商品住房价格快速上涨、住房保障不充分的问题日益突出，保障性住房供应规模缺口日益加大。三是部分规划公益项目所在地区不符合列入城市更新范围的门槛条件。

1.3.3　整治手段薄弱、文化特色缺失

综合整治模式是在不改变建筑结构和使用功能的前提下，通过改善消防设施、基础建筑和公共服务设施、沿街立面、消防设施及整治环境等手段实施的更新行为，具有改造周期短、成本低、能耗小，保留城市的空间肌理和社会网络的优点。因此，综合整治，特别是城中村的综合整治，一直是深圳城市更新专项规划重点鼓励的更新方式。

但在实施中，综合整治却存在三个方面的问题。一是实施手段有限，整治不彻底，无法真正解决城中村内缺少消防疏散通道、避难空间、教育设施等最关键的安全与服务保障问题。二是综合整治意愿较低，市场参与动力不足，权利主体大多希望建构筑物被拆除，从而获得拆迁补偿，难以达成更新意愿并通过股东大会。三是与历史文化保护与城中村发展尚未有机融合。深圳城中村综合整治区内紫线 1.9km^2，历史风貌区 1.5km^2，占全市历史文化空间的 41%；历史保护与城中村发展未能有机融合，不能达到空间共生、文化共生的活化目标。

1.4　研究思路与框架

本书遵循问题识别、目标引导、技术模型、规划保障、政策输出的总体思路。首先识别城市更新的三大结构性问题，提出引导目标，并对落实目标的关键技术展开研究，通过

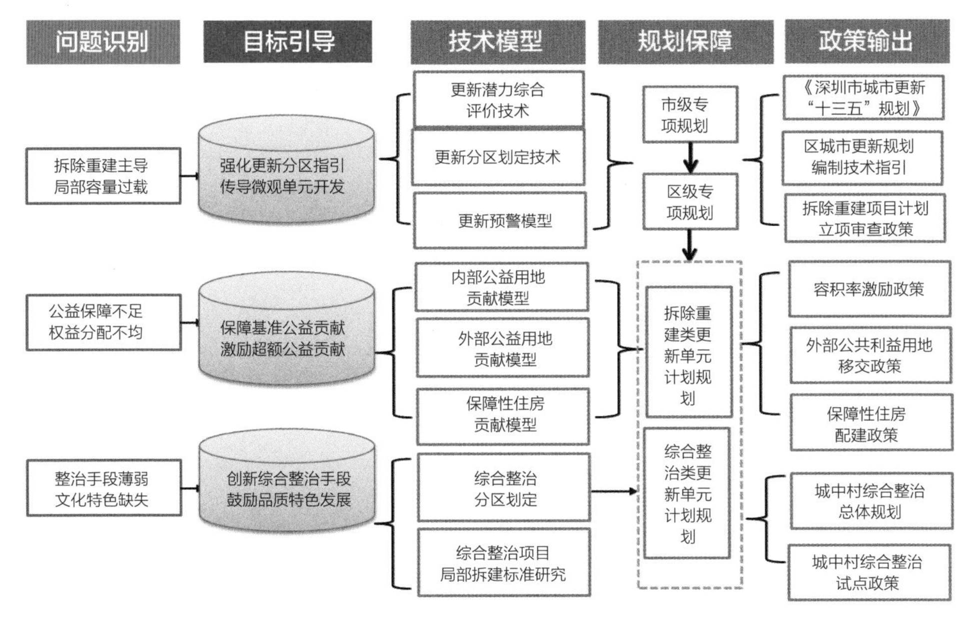

图 1-6　研究思路与框架

规划和政策两大体系予以保障和落实（图 1-6）。

针对更新方式以拆除重建为主、过快过乱的问题，提出“强化更新分区指引、传导微观单元开发”的引导目标，重新设计了市更新专项规划—区更新专项规划—单元规划的三层次规划体系，在市、区专项规划层级，创新城市更新潜力综合评价技术、城市更新分区划定技术和城市更新预警模型，识别引导优先拆除重建地区、限制拆除重建地区和拆除重建及综合整治并举地区三类分区，直接指导拆除重建类城市更新单元计划立项审查，实现城市更新有促有控、多措并举。

针对拆除重建类更新项目公益保障不足、权益分配不均的问题，提出“保障基准公益贡献、激励超额公益贡献”的引导目标，在原有政策内部公益用地贡献基础上，新增了外部公益用地贡献和保障性住房贡献两种方式，拆解三类贡献利益结构，分别形成贡献比例与合法用地指标、容积率与地价的联动模型，动态校验参数，寻找利益平衡点。并将技术模型转化为三项具体政策，政府让利，合理激励市场主体额外贡献，最大程度保障和增进公众利益。

针对综合整治类更新项目实施手段单一、市场动力不足、难以有效提高人民群众生活质量、难以落实历史文化保护要求的问题，提出“创新综合整治手段、鼓励品质特色发展”的引导目标，设计了三种有机更新模式，针对其中改造目标最高、实施难度最大的局部拆建模式的标准开展研究，确定核心参数，并出台试点工作方案，鼓励城中村综合整治，实现安全保障、服务提升、历史文化保护和特色风貌塑造等更高质量发展目标。

第2章

城市更新评价技术与分区指引

- 评价目标设定
- 更新预警评价技术方法

2.1 评价目标设定

2.1.1 引导目标

加强全市层面对城市更新区位与模式的引导，严格控制拆除重建的空间范围、避免市场主导更新模式出现区位偏好、功能偏好和拆除重建占据主导等结构性失衡问题。为保障分区划定的科学性和分区管理的可实施性，本书设计了“综合评价—分区划定—规划传导—政策输出—平台预警”的工作架构，一方面通过构建城市更新综合评价体系，对更新潜力对象进行再开发适宜性评价，并以评价结果为依据分级分类划定城市更新引导区和控制区；另一方面通过完善“市—区—单元”三级更新规划体系，明确分区管控范围和指引内容的传导规则，最后通过制定配套政策并建立更新预警平台，将分区管控措施嵌入城市更新管理审批的各个环节，保障其落地实施。

2.1.2 城市更新综合评价技术

城市更新综合评价的主要任务是为更新分区划定和更新专项规划编制提供技术支撑，并为更新项目管理决策提供参考。通过在市域尺度对更新潜力对象的社会、经济和物质环境等状况进行系统评价，量化计算不同地区的再开发适宜性，依据适宜性的强弱程度区分更新引导和控制两类地区，并对更新引导地区分级，区分拆除重建、综合整治等不同的更新模式。城市更新综合评价技术分为设定城市更新评价目标、构建存量空间再开发评价与权重体系、划定更新模式分区等三层次内容。

2.1.2.1 设定城市更新评价目标

为促进城市可持续发展，在城市更新中实现城市空间、生态环境、社会和经济效益的综合提升，设定以下目标：在空间上，加强城市公共安全、优化空间功能结构、提高土地集约利用、完善配套设施建设；在生态上，加强生态资源保护、推进生态环境修复、倡导低碳绿色更新；在社会文化上，提高城市公共服务水平和生活品质、保护地方文化遗存；在经济发展上，优化产业空间布局、促进产业结构升级、提高经济效益。

2.1.2.2 构建存量空间再开发评价与权重体系

研究以城市触媒理论为主导，识别与城市更新四大领域目标相关的具体城市建设、经济活动、社会文化等触媒要素，分析各要素内部的指标特征，自上而下形成由目标层、要素层和指标层三个层次构建的评价指标体系（图 2-1）。

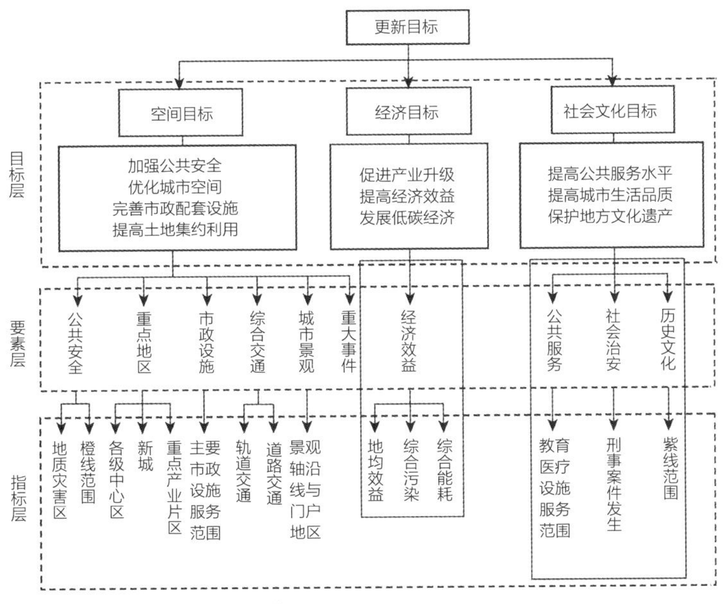

图 2-1　城市更新现状评价指标体系

根据指标作用效果，区分控制性和引导性两类。其中，控制性指标对更新行为具有刚性管控作用，包括公共安全、生态控制、生态保育等方面，直接纳入更新评价，不进行权重评判。引导性指标体现为对更新适应性的影响要素，指标值不同将对更新适宜性产生不同程度的影响，因此采用层次分析法（AHP）进行定量分析。引入九分位比例标度，建立两两判断矩阵进行判断 $A=(a_{ij})n\times n$。其中 a_{ij} 表示因素 i 和因素 j 相对于目标的重要值。因素两两比较打分之后，计算层次单排序，即计算判断矩阵的最大特征根及其特征向量，计算判断矩阵每一行元素的乘积 $M_i=\prod_{j=1}^{n}a_{ij}(i=1,2,\cdots\cdots n)$。

计算 M_i 的 n 次方根 $\bar{W}_i=\sqrt[n]{M_i}$。

对向量 $W=[\bar{W}_1、\bar{W}_2\cdots\cdots\bar{W}_n]^T$ 归一化，$W_i=\bar{W}_i/\sum_{i=1}^{n}\bar{W}_i$，$\bar{W}$ 即为指标权重。计算矩阵上最大的特征根 $l_{max}=\frac{1}{n}\sum_{i=1}^{n}\frac{(AW)_i}{W_i}$。其中 $(AW)_i$ 表示向量 AW 的第 i 个元素。采用一致性比例 CR 来判断矩阵的一致性。$CR=CI/RI$，其中：$CI=\frac{l_{max}-n}{n-1}$，为一致性指标；RI 为平均随机一致性指标。经过上述各层次的权重计算，形成下一层相对于上一层的相对重要性或相对优劣的权重计算和排序。将指标层所对应的各层指标权重依次相乘，即得到合成权重（表 2-1）。

各层指标权重及排序 表 2-1

目标层	权重	要素层	权重	指标层	权重	最终权重
空间目标 A1	0.34	重点地区 B2	0.59	C3 各级中心区、重点片区	1.00	0.19
		市政设施 B3	0.05	C4 主要市政设施服务范围	1.00	0.02
		综合交通 B4	0.13	C5 轨道交通	0.83	0.04
				C6 道路交通	0.17	0.01
		城市景观 B5	0.23	C7 景观轴沿线与门户地区	1.00	0.08
经济目标 A2	0.33	经济效益 B6	1.00	C8 综合污染	0.12	0.04
				C9 地均效益	0.61	0.2
				C10 综合能耗	0.27	0.09
社会文化目标 A3	0.33	公共服务 B7	0.50	C11 设施服务范围	1.00	0.17
		历史文化 B8	0.50	C12 紫线范围	1.00	0.17

2.1.2.3 划定更新模式分区

在城市更新适宜性评价体系的基础上，结合控制性和引导性两类指标标准，以及指标的定量权重分析，运用 GIS 技术进行空间叠加分析，识别出城市更新适宜性分区，并把其划分为更新控制地区和更新引导地区两大类，同时进一步对更新引导地区进行分级（图 2-2）。

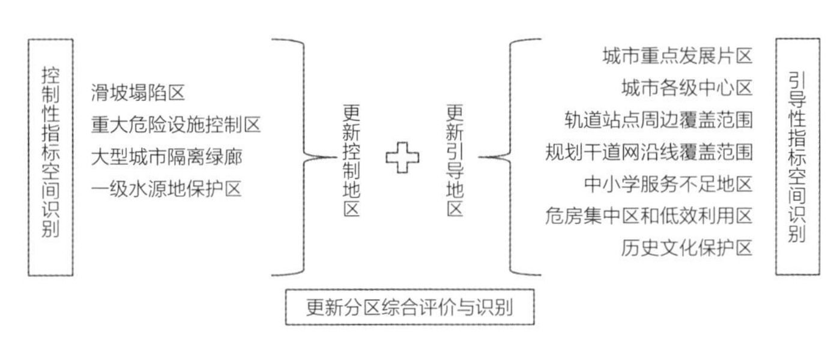

图 2-2　城市更新分区综合评价指标空间识别示意

底线管控，划定更新控制性地区。从加强城市公共安全、维护生态敏感性、建设绿色空间角度出发，选择能够量化、有具体空间边界并具有可操作性的指标分别评判，如地质灾害区的滑坡塌陷区和罗湖插花地、重大危险设施控制范围、隔离绿廊、一级水源保护区等，通过空间叠加技术，划定更新控制性地区（即限制拆除重建区）。更新控制性地区内严格落实各类控制线管制要求，禁止拆除重建行为，条件允许的情况下实施建设用地清退。

分级分类，划定更新引导性地区。从重点地区、综合交通、景观门户、市政设施、公共服务、经济效益、历史文化等七方面，对上述指标对应的空间因子进行叠加和综合调校得出更新引导性地区，并根据地区空间得分对更新引导性地区进行分级，其中一级地区为优先拆除重建区，范围内鼓励以拆除重建为主的城市更新；二级地区为拆除重建与综合整治并举区，范围内鼓励以综合运用拆除重建和综合整治手段开展多元更新（表 2-2）。

各级更新引导性地区的权重得分　　表 2-2

地区分级	权重值
一级地区（优先拆除重建区）	0.7 分以上
二级地区（拆除重建与综合整治并举区）	0.4 ~ 0.7 分

2.2　更新预警评价技术方法

2.2.1　城市更新预警空间评估技术方法

综合运用大数据手段和 GIS 空间评价方法，对开发容量、地质灾害、污水负荷、市政管网建设、公共设施服务能力等现状基础信息进行评估，并建立更新预警地区空间数据库。将全市按照标准分区划定为基础网格，在网格内根据预警要素特点，确定预警基础值，对照基础值进行线性推算，评价指标偏离度，对偏离度高的地区预警。

预警模型为 $r_{ij}=\frac{P_{io}}{P_{ij}}$

式中：r_{ij} 为网格 j 内，预警要素 i 的指标偏离度。P_{ij} 为网格 j 内预警要素 i 的指标值。P_{io} 为网格 j 内预警要素 i 的基础值，各要素依据特点分别确定基础值；其中，道路交通要素以现状干道网密度及规划交通设施供需饱和度系数为分项指标综合评估；市政设施要素以管网、实施率、管网老化度、污水处理厂运行饱和度及内涝风险区为分项指标综合评估；开发强度要素以基于“图则规划容积－现状建筑容积”的建筑容量饱和度为指标开展评估，上述三类要素下各分项指标的基础值和偏离度评价标准如表 2-3 所示。各类要素预警值应单独计算，独立显示，避免信息损失。

各要素指标基础值及偏离度评价基准 表 2-3

要素层	指标层	基础值	备注	偏离度评价基准
道路交通	现状干道网密度	0.8km/km^2	《深标》下限值的 60%	低于基础值
	规划交通设施供需饱和度系数	0.9	网格内交通供应量 / 需求量	低于基础值
市政设施	管网实施率	原特区外平均值	网格内现状管网长度 / 规划管网长度	低于基础值
	管网老化度	20%	网格内管龄 20 年以上管网长度 / 现状管网总长度	高于基础值
	污水处理厂饱和度	1	网格所在片区污水处理厂日平均现状处理容量 / 规划设计容量	高于基础值
	内涝风险区	中风险地区	全市排水防涝综合规划风险区分级	高于基础值
开发强度	规划建筑增量	20 万 m^2	（图则规划容积−现状建筑容积）<全市已批规划更新项目平均规划建筑增量（20 万 m^2）	低于基准值

2.2.2 城市更新综合预警平台运用方法

基于 GIS 对上述三类预警地区进行空间叠加和综合评分，形成全市城市更新综合预警平台，不同地区的承载力综合评分与更新预警响应级别呈成正相关。通过综合预警平台在更新项目审批环节中的应用为项目准入设定条件、确定开发规模、配建公共设施等内容审批提供科学支撑。对触发开发强度预警的项目，要求先开展片区法定图则修编再申报计划立项；对触发交通、市政预警的项目，要求在后续更新单元规划编制时开展交通、市政等承载力的专题研究，并提出相应设施的同步改善措施，经评估消除预警后方可申报规划批准，并在实施中按规划落实改善要求。

第3章

公共利益保障技术

- 公共利益保障基础及困境
- 公共利益保障的技术框架
- 内部公益用地贡献模型
- 外部公益用地贡献模型
- 保障性住房配建比例核算技术
- 创新型产业用房配建比例核算技术

3.1 公共利益保障基础及困境

3.1.1 公共利益保障的法理基础

公共利益是指一定社会条件下或特定范围内不特定多数人的共同利益，它不同于国家利益和集团（体）利益，也不同于社会利益和共同利益，具有主体数量的不确定性、实体上的共享性等特征，如何识别公共利益是司法和行政实践中的重要问题。根据德国学者罗厚德（C.E.Leuthold）在《公共利益与行政法的公共诉讼》中提出的地域标准，公益是一个相关空间内关系大多数人的利益，换言之，这个地域或空间就是以地区为划分，且多以国家之（政治、行政）组织为单位。所以，地区内的大多数人的利益，就足以形成公益。但是，公共利益概念发展不是一蹴而就的，而是历史经验的载体，不同阶段有其不同的内涵和实践方式。

公共利益最早可追溯到公元前 5 ~ 6 世纪的古希腊时代，亚里士多德把国家看作最高的社团，其目的是实现“最高的善”，在现实社会中的物化形式即为公共利益。因而公共利益成为政体是否合法的标准，即“依绝对公正的原则来判断，凡照顾到公共利益的各种政体就都是正当或正宗的政体；而那些只照顾统治者利益的政体就都是错误的政体或正宗政体的变态”。但是古希腊公共利益的思想萌芽，在随后的封建主义等级制国家和神权政体影响下逐渐式微，国家就如一个既定特权与权利的大杂烩，公共利益也无从谈起。

近代资本主义与法治国家的诞生，对公共利益产生了新的影响。1688 年，议会作为政治统一体的代表率先在英国出现，与即将即位的奥伦治亲王签订了著名的《权利法案》。这部具有近现代意义的宪法性文件对于公共利益的生成产生了决定性的影响。一是“等级制”

的政治状态被消除，人与人之间的身份差异开始被臣民这个概念所抹平；二是国家利益为议会所左右，随着由民主选举产生的下院取得议会的控制权后，国家利益趋向于服务民众的普遍性利益需求，公共利益的构建与实现成为一种在法律框架下依照法律程序，在不同利益博弈中形成的契约过程。

当代公共利益的内涵又发生了新变化，涉及领域更广、实现过程更加法定化。公益问题已经成为人们共同关注的问题，诸如社会公德、群体利益、自然资源与生态、环境与卫生保健、城乡公共设施、社会保险与社会救济、社会福利与优抚安置以及社会互助等社会化带来了新的利益内容。各国立法也日益重视公共利益，如许多国家均在宪法中大幅增加公共利益方面的规定，在被调查的 157 部宪法中，涉及“公共福利”或“促进公共福利”的规定有 85 部；涉及“公共利益”或“一般利益”的规定者有 96 部。除了宪法性规范外，其他法律法规中也大量出现积极性规范。

我国现行法律体系也对“公共利益”作了详细规定，并对公共利益提供司法保护。在法律规定方面，如宪法第 10 条规定，国家为了公共利益的需要，可以依照法律规定对土地实行征收或者征用并给予补偿；第 13 条第 3 款规定，国家为了公共利益的需要，可以依照法律规定对公民的私有财产实行征收或者征用并给予补偿。在司法保护方面主要为公共利益的诉讼救济，通过刑事、行政和民事三大诉讼机制来实现。其中，刑事诉讼通过对犯罪行为追诉，直接或间接地实现了公共利益保护。行政诉讼以代表公共利益的行政主体为被告，如法院在针对具体行政行为的行政诉讼审查中作出了对行政主体有利的判决，则行政诉讼实际上以一种间接的方式保护公共利益；当具体行政行为不合法时，行政诉讼的存在给予了行政相对人诉讼救济的途径，当损害公共利益的具体行政行为被行政诉讼裁判否定时，行政诉讼就实现了对公共利益的直接救济。民事诉讼囿于起诉条件的限制，长期以来只能提供对公共利益的间接保护。但在 2012 年 8 月 21 日《民事诉讼法修正案》通过后，立法明确的宣示让民事诉讼给予公共利益直接救济成为可能。上述三类诉讼机制以其独特的运行机理，形成不同种类的判决结果，共同构成公共利益保护的最后屏障。

3.1.2 深圳城市更新中的公共利益用地供给困境

为实施存量土地挖潜，深圳市探索确立了市场主导下的城市更新和政府主导下的土地整备两种途径：城市更新以市场主导、政府引导的方式，借助市场力量对城市特定区域（旧工业区、旧住宅区、城中村）进行重新开发，解决历史遗留、违法建设拆迁补偿及后续建设等问题，提升城市功能，完善配套设施；土地整备以政府主导、市场参与的方式，通过收回土地使用权、房屋征收、土地收购、征转用地历史遗留问题处理及填海（填江）等方式，整合零散用地，实施土地清理和前期开发，并统一纳入土地储备，旨在保障重点产业项目、重大基础设施和公建配套用地，促进公共利益和城市整体利益的实现。

从制度设计上看，城市更新和土地整备均是公共利益用地供给的重要途径，都能够在满足规划标准的前提下，根据政策要求提供公共设施用地或用房。但在实际操作中，公共利益用地的规模供给却存在较大困难。具体而言，主要包括以下几方面原因：

①由于土地整备的赔偿标准远低于城市更新，依靠土地整备完善城市已建成区域的公共配套较为困难。尽管土地整备与城市更新在利益统筹处理方面制定了一定的政策接口，涉及原农村集体经济组织继受单位的土地整备利益统筹标准也在不断调整提升，但受土地资源高度紧缺及土地增值带来的巨大利益驱动影响，对于现状建成区，原土地权益人通常更倾向选择补偿标准更高的城市更新方式，而不愿配合土地整备。土地整备的市场动力不足，因公共利益需要而进行的行政征收受到公众意愿、信访维稳等因素的影响而难以推进，这使得现状已建成区域的公共设施配套难以通过土地整备来进行落实。

②市场的逐利性导致规模化的公共设施建设难以通过城市更新的方式实现。为了保障公共利益，深圳市《关于加强和改进城市更新实施工作的暂行措施》要求“城市更新项目应当按标准配置各类公共设施”。城市更新中市场主体在选择项目时，基于“高利润”原则，通常倾向于选择公共设施配套需求低的片区，并以满足《深圳市城市规划标准与准则》和法定图则的最低要求为目标。相应地，城市更新项目的规模一般不大，这样需要提供的配套公共设施数量少、规模小。而对于公共设施配套需求强烈、规划公共设施贡献规模超

过基准贡献率的片区，市场主体往往因为收益偏低而不愿进入，从而使得较大规模的公共设施建设难以通过城市更新的方式实现。

3.2 公共利益保障的技术框架

保障公共利益项目实施，是高密度地区城市更新的重点任务。按《深圳市城市更新办法》要求，深圳拆除重建更新单元需在更新范围内贡献独立占地公共利益用地与非独立占地的公共利益用房。其中独立占地用地的贡献比例不小于拆除范围的 15% 且大于 3000m^2（图 3-1），从而保障项目的基础贡献。但项目实施过程中，城市更新单元内按规划落实的公共服务设施用地规模，经常超出按照基础贡献率计划的用地面积，需要构建新的利益调节机制，给予原产权主体与开发主体合理激励，以保障设施建设。

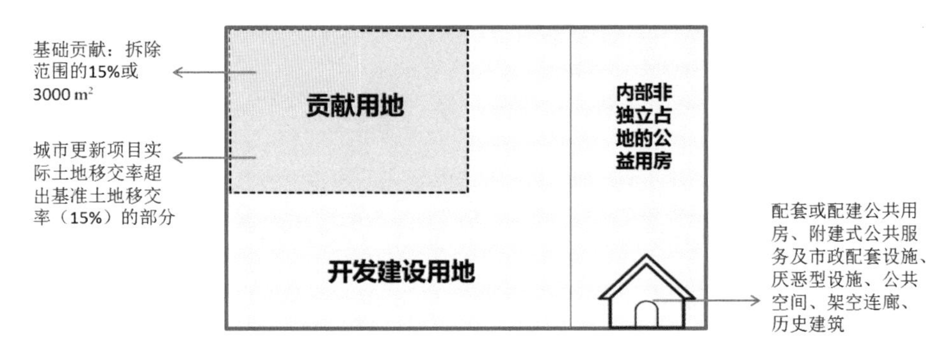

图 3-1　更新单元内公共利益贡献模型示意

另外，由于深圳公共服务设施历史欠账过多，以项目内部贡献方式推进公共设施建设仍存在局限性，部分规划公益项目用地无法纳入城市更新范围，而城市更新的项目里提供的公益用地规模较小，无法满足学校、医院等大型公共服务设施的空间需求。深圳城市更

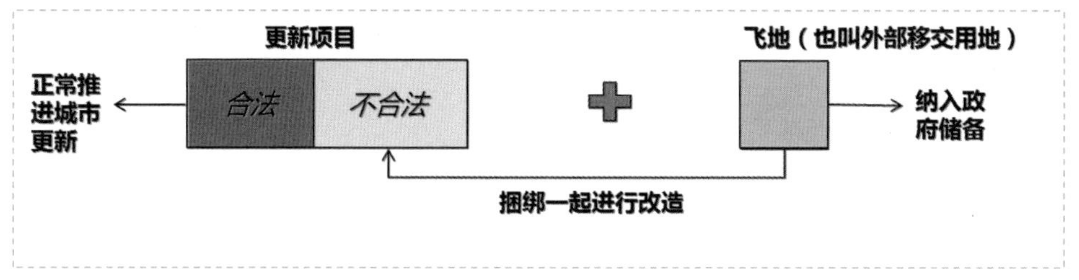

图 3-2　外部移交公共设施用地捆绑更新单元模型示意

新立项必须满足合法用地大于等于 60% 的门槛要求，有许多市场推动的项目存在合法用地比例不足的问题，希望能够获得外部的指标转移，因此，研究提出打破城市更新单元的空间局限，将外部重大公共利益项目与城市更新单元进行捆绑，保障重大公共利益项目实施（图 3-2）。

3.3　内部公益用地贡献模型

依据《深标》，规划建筑面积是指城市更新单元内开发建设用地各地块规定建筑面积之和。为保障城市更新单元或项目中公共利益的实现，采取公共利益项目贡献与奖励联动思路，确定基准规模与基准贡献率，按基础贡献率测算，小于基准贡献规模的项目不予以实施，按基础贡献率实施贡献的项目不予以额外奖励，超过基础贡献率的项目按照贡献比例和类型予以特定类型奖励（图 3-3）。

借助利益平衡的技术实现手段，建议城市更新单元规划的规划建筑面积（或规划容积）计算模型按照以下公式。

基础建筑面积，指开发建设用地各地块用地面积与对应的密度分区地块基础容积率的乘积之和，其中基础容积率按下式计算：

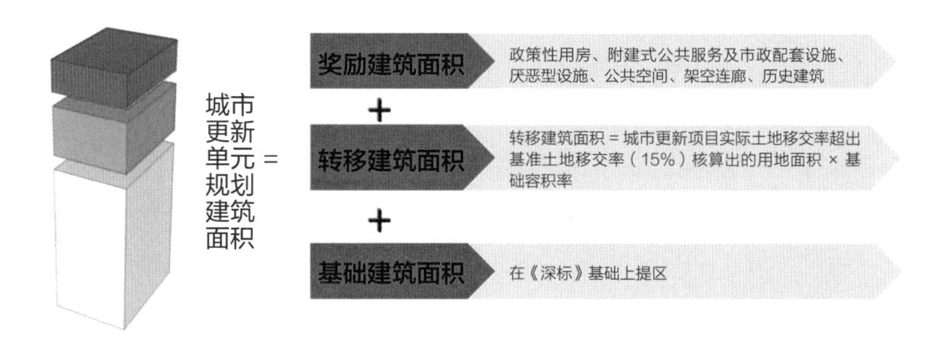

图 3-3　城市更新单元规划的建筑面积计算模型

$FAR_{基础} = FAR_{基准} \times S \times (1+A_1+A_2) \times (1+A_3)$

式中：$FAR_{基准}$为密度分区地块基准容积率；S 为承载力修正系数；A_1 为轨道站点修正系数；A_2 为周边道路修正系数；A_3 为地块规模修正系数。

转移建筑面积，城市更新项目拆除范围用地内经核算的实际土地移交用地面积超出基准土地移交用地面积的，超出的用地面积与基础容积率的乘积作为转移建筑面积，按下式计算：

转移建筑面积 $=[(S_1+S_2 \times 80\%) \times (1-R)-(S_3-S_4)] \times FAR_{基础}$

式中：S_1 为拆除范围内视为权属清晰用地的面积；S_2 为需进行历史用地处置用地的面积；S_3 为开发建设用地；S_4 为纳入的零星用地；R 为基准土地移交率，拆除范围用地面积大于 10000m^2 的城市更新单元，按照 15% 或 3000m^2 与拆除用地面积的比率的高值取值；拆除范围用地面积小于 10000m^2 的城市更新单元按照 30% 取值；$FAR_{基础}$为基础容积率。

针对稀缺的、缺口较大的独立占地配套设施，还可增加转移规划建筑面积予以核增，以鼓励此类配套设施的贡献。具体为，增加转移建筑面积 $=S_5 \times FAR_{基础} \times 0.3$；式中，$S_5$ 为移交特定情形设施用地面积。

奖励建筑面积：因公共利益需要，对通过配建或配套公共用房、附建式公共服务及市政配套设施、厌恶型设施、公共空间、架空连廊、历史建筑等给予的建筑面积奖励。

3.4 外部公益用地贡献模型

3.4.1 开发权转移相关综述

“开发权转移”（Transfer of Development Rights, TDR）是将土地的开发权从其所属的土地产权体系中剥离出来，在相关利益主体之间进行独立交易的市场行为。开发权转移制度诞生于美国，其实质是将原土地权利人因受到规划控制而不能实现的开发权限有偿转让给其他允许建设的区域，使得开发容量在更为广阔的地域空间得以优化配置。基于公共利益与环境保护等目标，城市功能布局或规划方案中往往规定，某些环境敏感地块或历史保护区域等只能用于农业开发或者只允许低密度开发，从而使得这些地块丧失了由农业用途向非农用途转换，或者由低密度开发转向高密度开发的可能性，由此会带来该地块及其附属物业价值的贬值，损害社会公平。为此，政府和规划部门通过划定保护区（即发送区）和增长区（即接收区），并制定相应的政策以及建构适宜的交易平台，将保护区的开发权转移至增长区，由增长区支付相应的经济成本补偿保护区，使得开发容量在更为广阔的地域空间得以优化配置（图 3-4）。发送区一般为农田、开放空间、历史文化遗迹、环境敏感地带以及其他需要长期进行保护的地带；接收区则主要是基础设施和公共服务设施相对完善、环境承载力较强的、高度城市化的地区。总体上看，开发权转移制度既释放了接收区的旺盛开发需求，又保护了发送区的敏感环境，达到了集约利用土地、减少资源损耗、节省财政支出、平衡各方利益等多维目标。

我国的理论及实践领域也展开了对开发权转移机制建设的探索。根据对土地所有权人主张的开发权客体的不同，主要可分为两大类：

一类关注将农用地转变为建设用地并进行土地开发使用的开发权转移，主要转移的

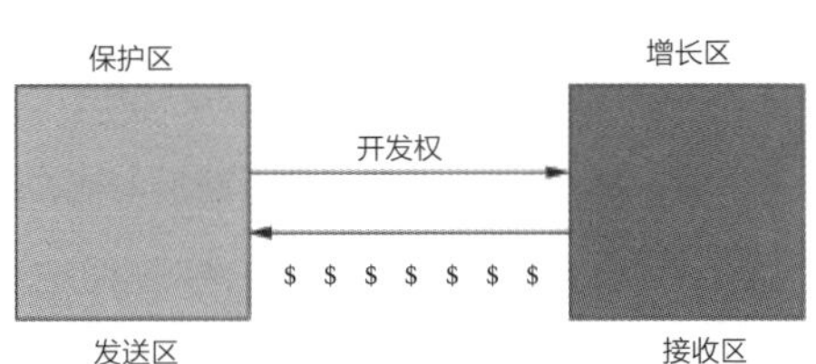

图 3-4　开发权转移的基本原理
资料来源：马祖琦 . 美国土地开发权转移制度研究：理论、评判与思考 [J]. 现代经济探讨，2020（2）：118-124.

是建设用地规模。如丁成日（2008）提出建立以耕地保护为目标的土地开发权转移制度，使耕地保护区内的农民同样享受到城市化和工业化带来的经济好处，缓解土地法规带来的社会公平问题；王国恩和伦锦发（2015）提出将开发权转移制度广泛应用于禁限建区内的农业、生态与历史资源保护；史懿亭等（2019）探讨了在东莞水乡特色发展经济区通过开发权转移制度实现“减建设用地规模但不减主体权益”的可行性，等等。在实践中，重庆建立了“地票”交易制度，浙江、天津、成都等地也进行了不同程度的土地开发权转移的探索。

另一类关注因土地集约程度改变带来的土地开发权转移，主要转移的是容积率。如王莉莉（2017）基于上海市的存量规划背景提出容积率奖励及转移机制设计要点，包括合理设定容积率控制上限、明确指标核算方法、建立交易平台、建立实施保障机制等；刘敏霞（2016）以上海为例，总结了历史风貌保护开发权转移的实施困境并分析原因，提出加强现有控规法定地位作为开发权转移的基准容积率，设立不同的奖励比例加强开发权跨区转移的经济可行性，建立土地捆绑出让制度保障保护要求的落地等对策。在实践中，北京、南京、上海等地都出台了围绕公共空间建设而制定的容积率奖励政策。

总体而言，国内的理论研究和实践已经初步证明土地开发权转移机制能够对协调开发建设和公共利益之间的关系起到积极的作用，但我国的土地制度、土地产权、空间管制等具有自身的复杂性与特殊性，在具体的政策设计上，非常有必要在现有的基础上进一步拓展开发权转移的概念内涵，积极融入新的元素，使开发权转移机制更好地适应当下的国情，成为有效的规划调节手段。

3.4.2 “外部移交”的基本思路

借鉴开发权转移制度，深圳市进行了相应的政策创新探索，提出了“外部移交”的概念，最终形成了《深圳市城市更新外部移交公共设施用地实施管理规定》（以下简称《外部移交规定》），并于 2018 年颁布实施。

“外部移交”的基本思路是借助市场手段，将公共利益用地与拆除重建类城市更新单元（以下简称“更新单元”）的实施进行捆绑。一方面借助市场力量，将位于更新单元拆

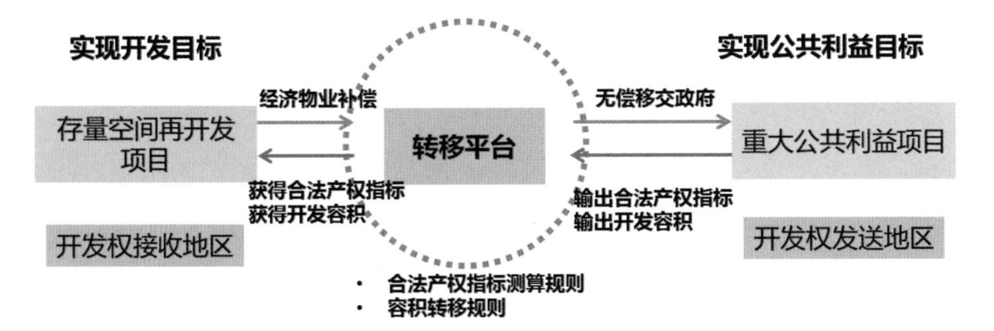

图 3-5　外部移交公共设施用地开发权转移模型

除范围以外的公共利益用地，由更新单元实施主体理顺经济关系，完成建筑拆除，并无偿移交国有（该部分移交的公共利益用地即称为“外部移交用地”）；另一方面通过将公共利益用地的部分开发权转移至更新项目，作为对承担移交责任的实施主体的补偿，激励和保障公共服务设施的实施。在这个过程中，外部移交用地可视为“开发权转移”的“发送区”，更新单元可视为“开发权转移”的“接收区”（图 3-5）。为便于管理和实施，《外部移交规定》明确了“发送区”与“接收区”需位于同一行政区或辖区范围内。

3.4.3　外部移交用地的功能类型和开发权类型

3.4.3.1　外部移交用地的功能类型

为满足法定图则等上层次规划的公共服务设施与城市基础设施用地相对完整的要求，《外部移交规定》要求外部移交用地“单个划定范围的用地面积原则上不小于 3000m^2”。同时，为了强调外部移交用地的公共利益属性，《外部移交规定》从保障民生和生态文明建设两个方面对外部移交用地的功能类型进行了界定。在保障民生方面，明确重点保障深圳市急缺、紧迫的公共设施项目建设，包括“法定图则或其他法定规划确定的文体设施用地（GIC2）、医疗卫生用地（GIC4）、教育设施用地（GIC5）、社会福利用地（GIC7）、公用设施用

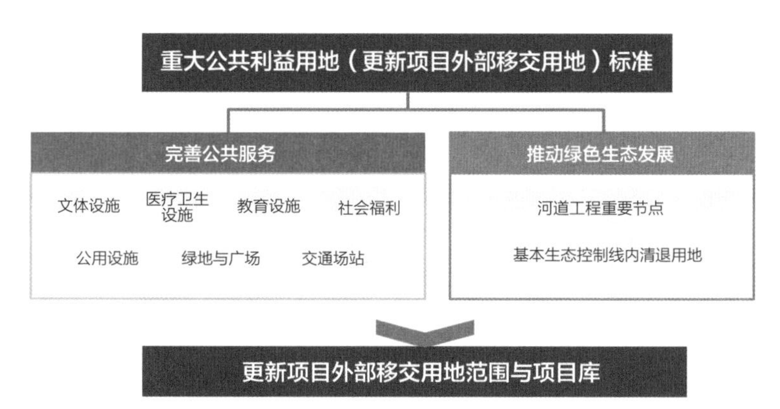

图 3-6　外部移交公共设施用地类型

地（U）、绿地与广场用地（G）、交通场站用地（S4）”。在生态文明建设方面，将辖区政府“亟须实施的道路、河道等线性工程节点用地”纳入外部移交政策适用范围统筹考虑。同时，为了有效落实“绿水青山就是金山银山”的发展理念，《外部移交规定》将“基本生态控制线范围内的手续完善的各类用地”一并纳入政策考虑范围，以期推动生态线内用地清退和生态修复。此外，考虑到各区实际情况的差异，《外部移交规定》还赋予了各区政府一定的自由裁量权，各区政府可结合辖区公共设施项目的实际需求和建设时序，合理划定外部移交用地范围并建立项目库，保障亟须建设的公共设施项目实施（图 3-6）。

3.4.3.2　外部移交用地的可转移开发权类型

借鉴开发权转移的经验，《外部移交规定》设计了将外部移交用地中现状建成区的部分建筑面积计算成转移容积计入更新单元的政策，以保障项目经济可行性。根据规定，计入转移容积后的更新单元规划容积率需符合《深标》及城市更新政策相关规定，以及满足交通市政设施承载能力要求，从而避免出现“接收区”容积率过载、基础设施不堪重负等现象。

除传统的容积率转移外，《外部移交规定》还结合深圳当前复杂的土地产权现实，首创了将合法用地指标作为开发权转移至更新项目的政策设计。深圳市于 1992 年和 2004 年分别进行了土地的“统征”和“统转”[①]，成为名义上没有农村的城市。但由于在征转过程中经济关系没有理顺、补偿不到位等原因，仍有大量土地未完善征转手续（不合法用地），呈现产权不清晰的状态。为规避以城市更新的方式“洗白”违法建筑，深圳市《关于加强和改进城市更新实施工作的暂行措施》规定了一般更新单元“拆除范围内权属清晰的合法土地面积占拆除范围用地面积的比例（以下简称“合法用地比例”）应当不低于 60%”。随着城市存量开发的快速推进，当前，原特区外全部更新对象的合法用地比例仅有 40.8%（表 3-1），大量拟申请更新改造的片区或区域因合法用地比例不足 60% 而无法满足列入城市更新单元计划的要求。鉴于此，《外部移交规定》提出针对“拆除范围内合法用地比例不低于 30%”的更新项目，外部移交用地可以将合法用地指标转移至更新单元，从而帮助更新单元破解合法用地比例不足的难题，促进公共利益实施。

深圳市更新对象的合法用地比例情况 **表 3-1**

类型	全市	原特区内	原特区外
全部更新对象（km^2）	270.3	37.9	232.4
确权更新对象（km^2）	118.6	23.8	94.8
合法用地比例	0.4387	0.6279	0.4079

资料来源：作者根据深圳市已确权的权属数据和城市更新标图建库数据叠加分析整理

3.4.4 外部移交合法用地指标转移

3.4.4.1 合法用地转移模式

考虑到外部移交用地与更新单元可能不在同一个片区范围内，因此需要考虑是否将外部移交用地纳入更新单元的拆除重建空间范围。为此本书设计了整体更新和指标纳入两种

① 1992 年，原特区内的罗湖、福田、南山和盐田四区推进农村城市化，通过统一征用土地，将约 300 km^2 的农村集体土地一次性征为国有土地。第二次是 2004 年，原特区外的宝安、龙岗两区推进农村城市化，通过土地统转，将原特区外约 1600 km^2 的农村集体土地一次性转为国有土地。

模式（表 3-2）：

①整体更新模式。即将外部移交用地作为更新单元的一部分纳入拆除重建空间范围，并限定外部移交用地必须全部作为贡献用地移交政府。此种模式政策门槛较低，按照既有政策即可执行。但是当外部移交用地的合法用地比例低于《深圳市拆除重建类城市更新单元计划管理规定》要求的 60% 时，此种模式不存在可行性。此外，当外部移交用地过大时，项目整体的土地移交率过高，可能导致可行性较差，市场主体接受度低等问题。

②指标纳入模式。即不将外部移交用地纳入拆除重建范围，仅将外部移交用地转换为指标，计入城市更新单元的合法用地内。此种模式优势在于外部捆绑地块的贡献规模较小，成本较低，可操作性较强，对于市场主体具有较强的吸引力。但合法用地空间的腾挪存在等价置换的问题，即相隔较远的两个地块其地价成本、经济效益等方面可能会存在相差较大的情况。

合法用地转移模式示意 **表 3-2**

转移模式	转移模式示意图	合法用地比例计算公式
整体更新模式	 外部移交用地：合法用地、不合法用地；城市更新单元：合法用地、不合法用地 → 拆除重建空间范围	$\varphi=\dfrac{S_{外部移交用地合法面积}+S_{更新单元合法面积}}{S_{外部移交用地总面积}+S_{更新单元总面积}}\times 100\%$
指标纳入模式	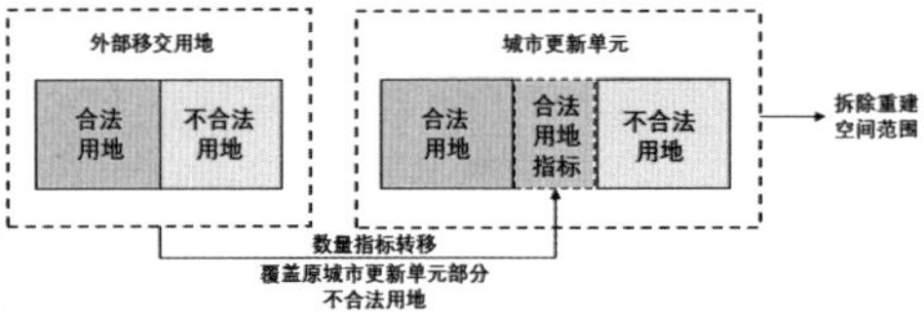 外部移交用地：合法用地、不合法用地；城市更新单元：合法用地、合法用地指标、不合法用地 → 拆除重建空间范围；数量指标转移 覆盖原城市更新单元部分不合法用地	$\varphi=\dfrac{X_{外部移交用地数量指标}+S_{更新单元合法面积}}{S_{更新单元总面积}}\times 100\%$

鉴于目前特区外合法用地比例普遍不足，为保障政策可行性，本书最终选择指标纳入模式，即不将外部移交用地纳入拆除重建空间范围，仅以合法用地指标的形式计入更新单元进行核算。

3.4.4.2 合法用地的指标转移规则

外部移交用地在产权上存在合法用地和未完善征转手续用地两种类型，故在外部移交用地合法用地以数量指标的形式纳入更新项目时，同样存在两种情形，即合法用地的指标转换与待完善手续用地的指标转换。深圳现行政策下对于合法用地和未完善征转手续的用地处理方式存在较大差异，为与既有政策进行衔接，在对外部移交用地中的合法用地进行数量指标计算时，依不同情形构建不同的标准：①对于外部移交用地合法用地部分，《外部移交规定》采取“等土地面积”方式进行指标转移。②对于外部移交用地未完善征转手续用地部分，《外部移交规定》采取“系数折算”的方式进行指标转移。研究参考重点更新单元中合法比例最低一档（＜40%），按 0.55 的系数折算成合法用地指标转移至更新项目中。

3.4.5 外部移交用地转移容积率

3.4.5.1 容积率转移模式

更新单元通过外部移交用地获得的容积率转移可以分为直接转移容积和间接转移容积两个部分。其中，直接转移容积是指为了鼓励开发主体清理移交用地范围内的现状经济关系和实现规划公共利益项目而奖励的转移容积。根据《深圳市城市更新单元规划容积率审查规定》，帮助完善公共利益的更新项目实施主体可依据城市更新有关规定及《深标》等给予一定的容积奖励。由于外部移交用地全部是公共利益用地，奖励的开发权益无法直接在外部移交用地上实现，故将其从外部移交用地（发送区）转移至城市更新单元（接收区）内（图 3-7）。

间接转移容积是指通过前文所述合法用地指标转移间接获得的转移容积。根据《深圳市拆除重建类城市更新单元土地信息核查及历史用地处置规定》，城市更新单元中未完善征转手续用地需要进行历史用地处置，并需要将 20% 的处置用地无偿移交政府。由于合法

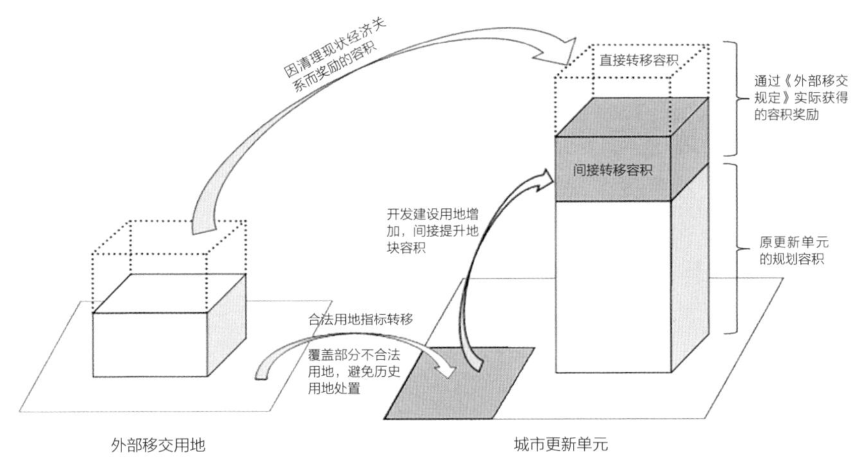

图 3-7　外部移交用地容积转移模式示意

用地转移指标的纳入将部分覆盖更新单元中的未完善征转手续用地，使得这部分用地不再需要进行历史用地处置，从而增加了更新单元的开发建设用地指标，间接提升了更新单元容积。

3.4.5.2　容积率转移方案

城市更新和土地整备两种途径各有侧重、互相补充，共同构成了深圳存量土地开发体系。城市更新需要贡献给政府的用地相对较少，利润较高，市场吸引力大，但存在合法用地、建筑年限等准入门槛；土地整备没有合法用地比例、建筑年限等准入门槛，但由于贡献给政府的用地比例较高（一般超过 50%），利润较低，市场吸引力相对城市更新较弱。由于《外部移交规定》可以实现合法用地指标转移，大幅降低了城市更新的准入门槛，在利益驱使下，开发主体很可能利用外部移交用地政策避开土地整备，从而降低贡献的公共利益用地比例；因此，直接使用现有政策标准计算容积率奖励并转移至更新项目中，很可能造成城市更新和土地整备政策之间的挤兑。为了避免政策冲突，保障公共利益用地的移交，在容积率转移方案的制定上需要着重考虑在外部移交用地中保持开发主体通过城市更新和土地整备获得的开发权益基本相等。

（1）**土地整备途径下的开发权益**

在不考虑特定情形的土地整备途径下，根据现行政策，开发主体通过外部移交用地可获得的开发权益可根据公式 1 计算：

$$S_{整备}=S_{总}\times A\times 基准容积率 \qquad （公式 1）$$

式中：$S_{总}$是指外部移交用地的总用地面积；A 为与现状容积率相关的折算系数，现状容积率越高，折算系数越大；基准容积率为该外部移交用地所处密度分区的基准容积率。

（2）**城市更新途径下的开发权益**

在不考虑特定情形的城市更新途径下，如前所述，开发主体通过外部移交用地可获得的开发权益包括直接转移容积和间接转移容积两部分，即：

$$S_{更新}=S_{直接转移容积}+S_{间接转移容积} \qquad （公式 2）$$

式中：$S_{直接转移容积}$是鼓励开发主体清理移交用地范围内的现状经济关系和实现规划公共利益项目而奖励的转移容积，其大小与需要清理的建设用地面积以及容积率奖励的系数直接相关。$S_{间接转移容积}$是开发主体通过合法用地指标转移间接获得的转移容积，与转移的合法用地指标量相关，同时，需要根据深圳市城市更新相关政策扣除应无偿贡献给政府的用地量。二者分别根据公式 3 和公式 4 计算：

$$S_{直接转移容积}=S_{现状建设用地}\times N \qquad （公式 3）$$

式中：$S_{现状建设用地}$是指外部移交用地中现状建设用地面积；N 是指开发主体在外部移交用地中每清理一个单位的现状建设用地可以直接转移至原城市更新单元的开发建设用地中的建筑面积转移系数。

$$S_{间接转移容积}=S_{总}\times B\times C\times (1-D)\times 基准容积率 \qquad （公式 4）$$

式中：$S_{总}$是指外部移交用地的总用地面积；B 为合法用地折算系数，统一取 0.55；C 为历史用地处置后需无偿移交给政府的比例；D 为城市更新的土地中开发主体应无偿移交给政府纳入土地储备的比例；基准容积率为该外部移交地块所处密度分区的基准容积率。根据《关于加强和改进城市更新实施工作的暂行措施》，C 值一般取 20%，D 值一般要求不少于 15%[①]。该公式的理解逻辑为：针对 $S_{总} \times B$ 这部分从外部移交用地中转移的合法用地指标量，由于其以“合法用地数量指标”的方式覆盖了原城市更新单元上的不合法用地，故这部分用地无须再进行历史用地处置并将其中的 20% 无偿移交给政府，其容积率增益归属开发主体所有；此外，由于城市更新的土地中开发主体应无偿贡献不少于 15% 用地面积的公共设施，该部分不应产生容积转移，因此需要在上述基础上扣减 15% 的用地面积。

（3）确保城市更新和土地整备获得的开发权益基本相等的转移系数设定

基于现行相关政策，可分别根据公式 1 和公式 4 直接测算出 $S_{整备}$和 $S_{间接转移容积}$，但无法直接测算出 $S_{直接转移容积}$。为确保在外部移交用地中开发主体通过城市更新和土地整备获得的开发权益基本相等，也就是是 $S_{整备}=S_{更新}$，就需要对 $S_{直接转移容积}$中的转移系数 N 的取值进行合理的设定。

研究首先通过以下原则确定了不同密度分区下转移系数的合理取值区间：①转移系数应高于外部移交用地所在密度分区的现状平均容积率，以确保经济可行性；②转移系数应低于外部移交用地所在密度分区容积率基准值，避免城市更新单元被恶意拆分；③转移系数分布应遵循密度分区的基本逻辑，即高密度分区的转移系数应高于低密度分区的转移系数（图 3-8）。

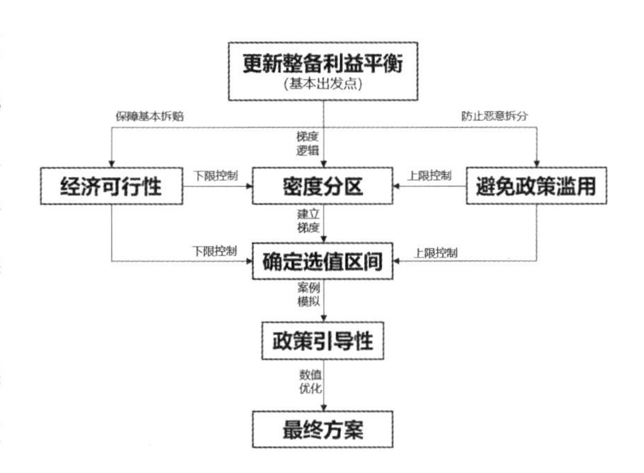

图 3-8　转移系数选值区间的确定

① 根据《关于加强和改进城市更新实施工作的暂行措施》第十一条，“对于拆除重建类项目，政府将处置土地的一定比例交由继受单位进行城市更新，其余部分纳入政府土地储备”，“一般更新单元”的具体比例为 20%；“在交由继受单位进行城市更新的土地中，应当按照《深圳市城市更新办法》（深圳市人民政府令第 290 号）和《深圳市城市更新办法实施细则》（深府〔2012〕1 号）要求将不少于 15% 的土地无偿移交给政府纳入土地储备。前述储备土地优先用于建设城市基础设施、公共服务设施、城市公共利益项目等”。

在此取值区间内，对不同密度分区内转移容积的数值进行联动调校，按照密度分区面积加权平均后，发现在现状建设区占比 50% 左右时形成了利益平衡点，城市更新与土地整备两种途径的建筑规模的差值最接近 0（图 3-9、图 3-10）。研究最后在利益平衡点附近优化选值，最终确定了容积率转移系数方案（表 3-3）。

此外，考虑到由于现状建设强度分布不均，还可能存在现状建设密度超过密度分区平均容积率的情形。在此情形下，建设用地现状容积率可能高出转移系数，使政策不具有适用性。因此，《外部移交规定》对转移系数无法直接应用的情形进行了补充：当现状容积

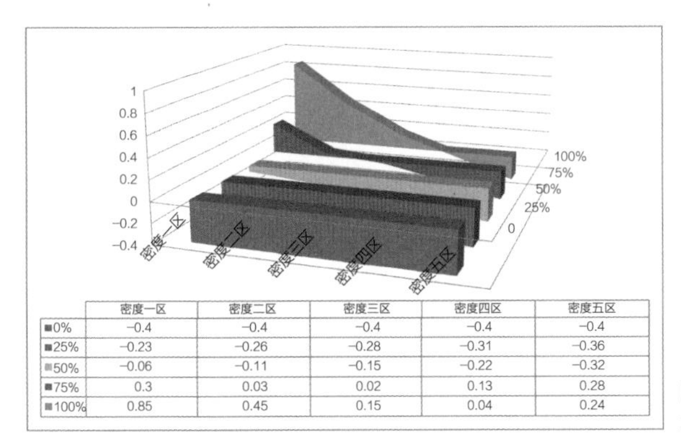

	密度一区	密度二区	密度三区	密度四区	密度五区
0%	−0.4	−0.4	−0.4	−0.4	−0.4
25%	−0.23	−0.26	−0.28	−0.31	−0.36
50%	−0.06	−0.11	−0.15	−0.22	−0.32
75%	0.3	0.03	0.02	0.13	0.28
100%	0.85	0.45	0.15	0.04	0.24

图 3-9　城市更新与土地整备的密度分区分档建筑规模差值

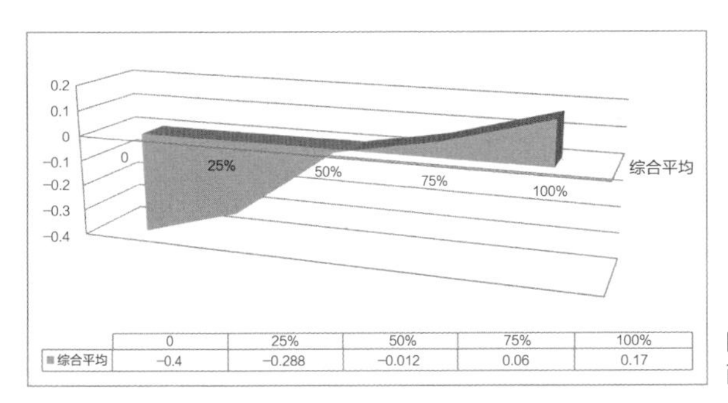

	0	25%	50%	75%	100%
综合平均	−0.4	−0.288	−0.012	0.06	0.17

图 3-10　城市更新与土地整备密度分区面积加权平均后转移建筑规模差值

外部移交用地转移系数 N 的最终方案　　表 3-3

所在分区	密度一区	密度二区	密度三区	密度四区	密度五区
选值区间	3.2 ~ 2	2 ~ 1.6	1.6 ~ 1.3	1.3 ~ 1.1	1.1 ~ 0.7
转移系数 N	2.2	1.8	1.5	1.2	0.7

高于转移系数时，根据现状建设面积的 1 倍进行取值。该条款在保障城市更新基本拆赔的经济可行性的同时也避免了政策滥用。

3.5 保障性住房配建比例核算技术

城市更新配建保障性住房是深圳保障性住房筹集的重要来源，与单独供地建设保障性住房相比，更新配建方式保障性住房的区位多元、配套相对完善、有助于阶层融合。深圳将全市按照区位条件、人口布局、轨道站点覆盖范围等因素划分为三类地区，分别按照 8%、10%、12% 的基准比例配建保障性住房（图 3-11）。

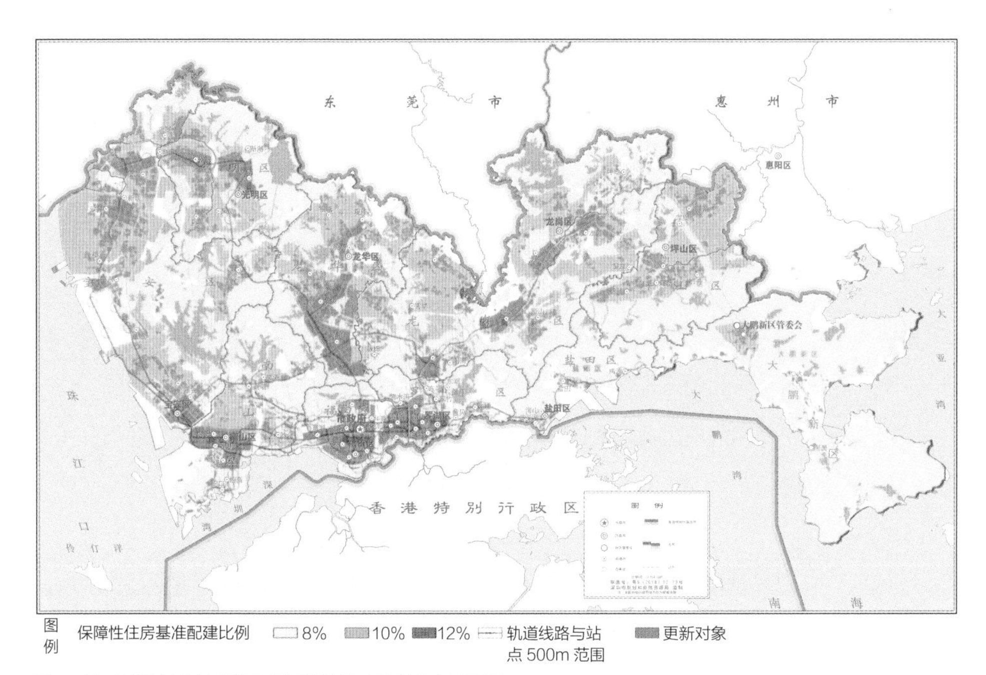

图 3-11 深圳市城市更新配建保障性住房比例分布示意图

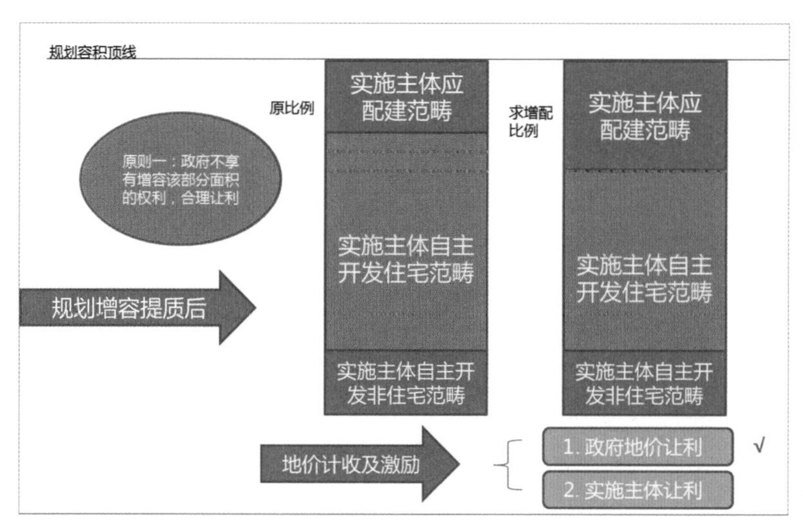

图 3-12　保障性住房让利模型

为加大保障性住房供应、扩大保障范围，本书建立了保障性住房配建比例与地价、容积率的联动模型，以“保障企业合理收益、政府地价让利”为原则，通过市场调节方式，提高城市更新中的保障性住房配建比例。

模型设计的核心，是保障企业增配保障性住房部分具有合理收益 S，该部分收益由两部分组成，一是增配建筑面积自身的合理收益 S_1；二是在项目容积顶线约束下，实施主体由于提高保障性住房配建而相应地损失商品房开发容积对应的合理收益 S_2。以原保障性住房一类地区为例，推导让利过程如图 3-12 所示：

S（企业增配保障性住房合理收益）= S_1（增配建筑面积合理收益）+S_2（商品房转换面积对应损失部分）

$$S_1=(A\times a\%)\times(X_1-X_0)$$

其中，A 为建造成本，$a\%$ 为投资利润率，X_1 为超额配建比例，X_0 为基准配建比例。政策制定时点，住宅项目平均建造成本约 4600 元 /m^2，$a\%$ 按最低融资利润 3% 计算，X_0 按照 15% 档计算，则 $S_1=4600\times3\%\times(X_1-15\%)=138\times(X_1-15\%)$。将住宅项目

基准地价 P_1 作为常量引入公式，P_1 为 1350 元 /m²。$S_1 \approx 0.1 \times P_1 \times (X_1-15\%)$

$$S_2=(P_2-P_1)\times(X_1-X_0)$$

其中，P_2 为增加住宅市场评估地价额，P_1 为增加住宅基准地价额，X_1 为超额配建比例，X_0 为基准配建比例。政策制定时点，P_2 约为 P_1 的 2.5 倍，则 $S_2=1.5\times P_1\times(X_1-15\%)$

两项合计，$S=S_1+S_2\approx 1.6\times P_1\times(X_1-15\%)$

依据上述模型，将不同容积率的住宅基准地价 P_1 带入，计算不同容积率和贡献率下项目的地价系数差如表 3-4 所示。

城中村改造情形下的不同保障性住房配建比例数据测算　表 3-4

系数差 容积率 R	配建比例				
	实际应缴地价（1-4.1/R）基准地价	20%	25%	30%	35%
4.5	0.09	0.00	-0.08	-0.17	-0.25
5.0	0.18	0.09	0.01	-0.08	-0.16
5.5	0.25	0.17	0.08	0.00	-0.09
6.0	0.32	0.23	0.15	0.06	-0.03
6.5	0.37	0.28	0.20	0.11	0.03
7.0	0.41	0.33	0.24	0.16	0.07
7.5	0.45	0.37	0.28	0.20	0.11
8.0	0.49	0.40	0.32	0.23	0.14

由模型可知，在 20% 的配建比例下，项目容积率在 4.5 以上，政府应征收地价相对实施主体应获得收益就为正值，即政府可以通过地价让利方式，将该部分利润赋予实施主体。在 25% 的配建比例下，项目容积率在 5 以上为正。在 30% 的配建比例下，项目容积率达到 5.5 以上为正。如配建比例升高至 35%，则项目容积率至少要达到 6.5 以上方可为正。综合考虑深圳住宅开发的容积率情况，确定项目可提升的配建比例极限为 20%，增幅为 5%。

采取上述方法，分别对二类地区、三类地区以此类推，最终确定三类分区调整前后的配建比例要求如图 3-13 所示：

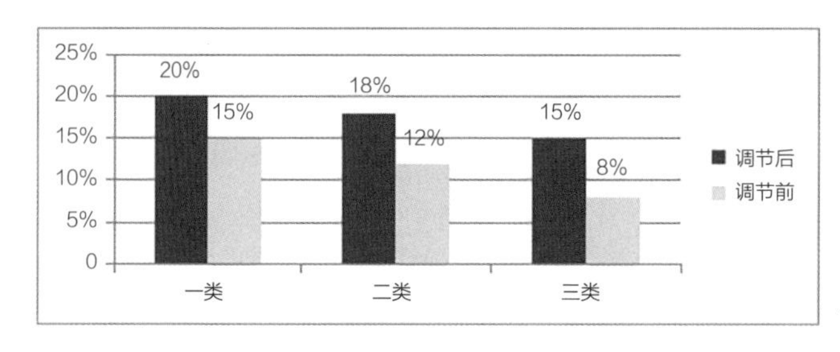

图 3-13　城市更新项目配建保障性住房比例调节变化

3.6　创新型产业用房配建比例核算技术

创新型产业用房是指为满足创新型企业和机构的空间需求，由政府主导并按创新型产业用房配建办法出租或出售的政策性产业用房，包括办公用房、研发用房、工业厂房等。创新型产业用房入驻企业类型原则上应为从事新一代信息技术、高端装备制造、数字经济、生物医药、新材料、海洋经济、绿色低碳等战略性的新兴产业，拥有较强科技创新实力和先进自主技术成果的成长型企业和科研机构，或为上述单位提供服务的现代服务业企业和机构。

2012 年深圳市出台《深圳市城市更新项目创新型产业用房配建比例暂行规定》，该规定明确了配建比例是指项目改造后提供的创新型产业用房的建筑面积占项目产业用房总建筑面积的比例。

①一类地区为福田区、罗湖区、南山区、盐田区的辖区范围，基准比例为 12%。

②二类地区为宝安区新安街道、西乡街道、龙华街道、大浪街道、民治街道、石岩街道及龙岗区龙城街道、布吉街道、坂田街道、南湾街道的区域范围，基准比例为 8%。

③三类地区为全市除上述一、二类地区以外的区域范围，基准比例为 5%（图 3-14）。

城市更新项目位于市政府确定的重点产业园区范围内的，创新型产业用房的配建比例在基准比例的基础上核增 5%。

城市更新项目中包含非农建设用地的，创新型产业用房的配建比例按上述规定确定后，

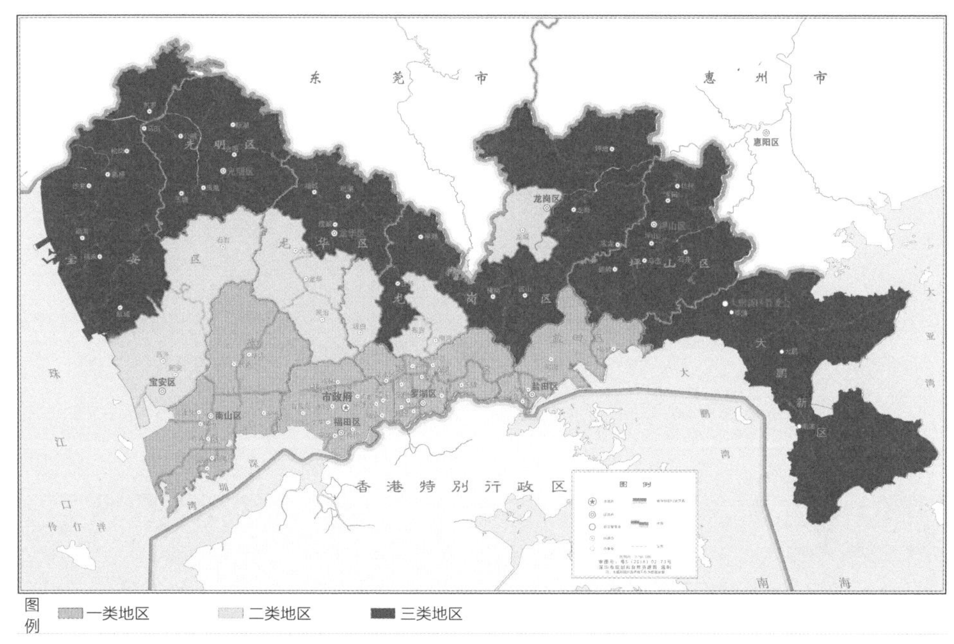

图 3-14　深圳城市更新项目创新型产业用房配建比例示意图

可按非农建设用地面积占项目建设用地总面积比例核减 5%。

2013 年深圳市出台《深圳市创新型产业用房管理办法（试行）》，明确了将“在城市更新项目中按一定比例配建”作为创新型产业用房的重要筹集方式，建成后政府可优先以建造成本加合理利润回购。

2016 年深圳市出台《深圳市城市更新项目创新型产业用房配建规定》，对城市更新项目中的创新型产业用房配建比例作出规定，创新型产业用房建成后由政府回购，回购价格按照全市《深圳市创新型产业用房管理办法（试行）》执行，即创新型产业用房回购价格按照建安工程参考价的 1.1 倍执行。

2021 年深圳市出台《深圳市创新型产业用房管理办法（修订版）》，明确城市更新及产业用地提高容积率配建的创新型产业用房原则上应无偿移交给政府。

第4章

有机更新技术

- 有机更新研究综述
- 城中村的价值与问题浅议
- 城中村更新改造价值导向
- 城中村综合整治分区划定
- 城中村有机更新模式与标准

4.1 有机更新研究综述

“有机更新”是西方城市更新实践经历了推倒重建、社区更新、旧城开发三个阶段后至 20 世纪 90 年代出现的一种更新改造方式，而国内有机更新的理论雏形在 1979—1980 年由吴良镛教授领导的什刹海规划研究中就已经出现。

自“二战”结束以后，为解决战后世界严峻的住房短缺问题，欧洲许多国家在开展大规模新城建设的同时，也在积极更新旧城。在 20 世纪 60 年代以前，城市更新以大规模推倒重建为主。1958 年荷兰海牙首届城市更新国际研讨会上就提出了再开发的三项原则：拆毁和重建，对于原有结构的改善和修复，以及保存和保护历史遗迹（并强调一般不包括住宅）。然而，这种迅速的大规模、大拆大建式的城市更新摧毁了有特色、有活力和储存着当地历史文化的建筑物、城市空间以及其赖以存在的城市文化、资源和财产，并遭到了学者和社会居民愈发强烈的反对。这些计划只能使建筑师、政客、地产商们热血沸腾，而平民阶层常常成为利益的牺牲品。因而进入 20 世纪 60 年代以后，许多西方学者开始从不同角度，对以大规模改造为主要形式的城市更新运动进行反思。简 · 雅各布斯、C. 亚历山大对大规模改造都提出批评，认为其造成了社会不公平和经济的难题。与此对应，强调多维度可持续发展的新观念逐渐上升为认识主流；主张通过多方参与和综合手段来改造城市空间，实现以人为本的空间环境与社会经济改善等思想，也获得越来越多的社会认同和倡导。20 世纪 80 年代后，受到 70 年代开始的全球范围内的经济下滑以及 80 年代全球经济调整的影响，以制造业为主导的城市开始衰落，导致城市中心聚集着大量失业工人，中产阶级纷纷搬出内城，造成了内城的持续衰落。这个时期，西方城市更新政策转变为市场主导的旧城开发模式。城市开发公司被授予决定权和充足的年度预算，以保证特定区域内的建筑及土地的空间再生产。20 世纪 90 年代之后的西方城市更新进入了有机更新阶段，开始了对“可持续”更新的探索。在时间上，它意味着城市更新不是一种快速的机械修复，而是一个长期的有机过程。在空间上，它将重点从基于本地和局部区域的行动扩展至整个城市和地区。而且实质上，它使城市物质和经济福利之间相连，联系社会、社区和机构三者的发展。这个阶段的西方城市更新高度重视人居环境，注重社区历史价值保护和社会肌理保持。

伴随着西方在城市更新理论方面的研究，中国老一辈建筑师也开始在如何继承北京的传统城市特色方面展开热烈的讨论。至 20 世纪 90 年代，吴良镛教授在总结国外先进城市更新理论的基础上，结合北京什刹海、菊儿胡同等多个城市规划项目所获得的实践经验提出了有机更新理论。其具体含义是指采用适当的规模与合适的尺度，依据改造的内容与要求，妥善处理目前与将来的关系，不断提高规划设计质量，使每一片的发展达到相对的完整性，这样集无数相对完整性之和，即能达到有机更新的目的。该理论被广泛应用于城市规划，包括老旧城区、历史街区、传统社区的改造研究中。

4.2 城中村的价值与问题浅议

4.2.1 深圳城中村概况

关于城中村，以深圳为例，深圳市相关政策文件中并未对“城中村”作过明确的定义。《深圳市城市更新办法》及其实施细则所称的城中村，主要是指从土地合法权属方面将其确定为已划定城中村红线范围内的用地、非农建设用地和征地返还用地。城中村调查的对象是原农村集体经济组织和原村民实际占有使用的土地，主要包括已划定城中村红线范围内用地、非农建设用地、征地返还用地、旧屋村用地以及原农村集体经济组织和原村民在上述用地范围外形成的区域，不包括国有已出让用地。

根据 2018 年深圳市城中村调查，得出深圳市共有行政村 336 个，自然村 1044 个，用地总规模约 321km^2，其中现状建设用地 286km^2，占全市现状建设用地总面积（911km^2）

的31%。分区层面，原特区内福田、罗湖、南山、盐田四区共有行政村90个、自然村110个，用地规模17km^2，占全市城中村总用地的5%；原特区外宝安、龙岗、龙华、坪山、光明、大鹏六区共有行政村246个、自然村934个，用地规模305km^2，占全市城中村总用地的95%（图4-1）。

各区城中村的数量和用地规模差异明显，其中宝安区规模最大，下辖行政村94个，用地面积99.6km^2，占全市城中村用地的31%；盐田区规模最小，城中村用地面积仅1.4km^2（图4-2）。

城中村现状用地功能以工业和居住为主，其中工业用地158.3km^2，占比49%；居住用地112km^2，占比35%；其他建设用地15.7km^2，占比5%；空地35.2km^2，占比11%（图4-3）。

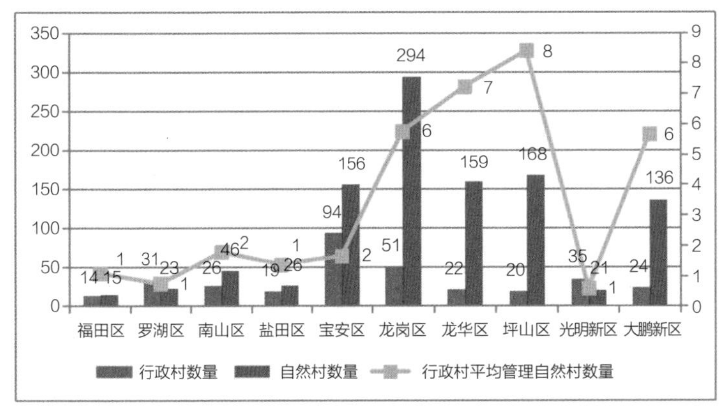

图4-1 各区行政村与自然村数量比较（单位：个）

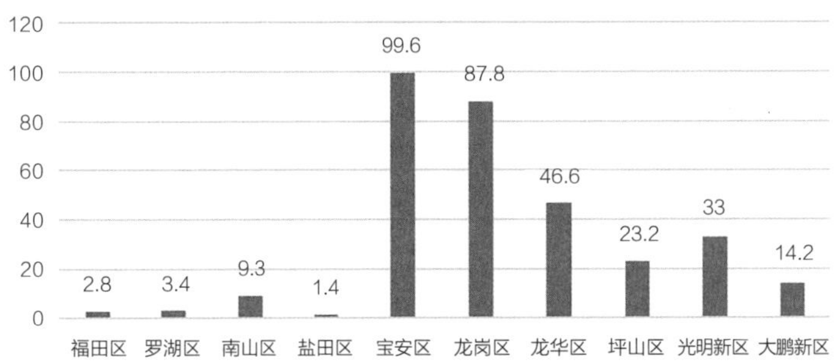

图4-2 各区城中村用地面积（单位：km^2）

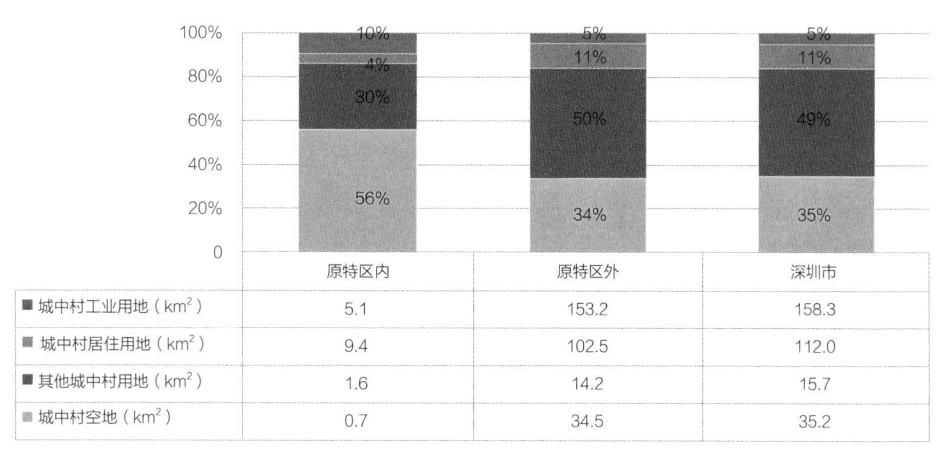

	原特区内	原特区外	深圳市
■ 城中村工业用地（km^2）	5.1	153.2	158.3
■ 城中村居住用地（km^2）	9.4	102.5	112.0
■ 其他城中村用地（km^2）	1.6	14.2	15.7
■ 城中村空地（km^2）	0.7	34.5	35.2

图 4-3　城中村用地现状结构

35.2km^2 的城中村空地在规划功能方面，主要是配套设施用地（包括公共管理与服务设施用地、道路交通用地、绿地与广场用地、公用设施用地等），占比约 72%；经营性用地（包括居住用地、商业用地和工业用地）比例占 28%。用地结构方面，位于十大专项行动中“违法断根行动”范围内用地约 21.7km^2，非农建设用地 2.8km^2，已列入土地整备计划用地 2.4km^2，已列入更新单元计划用地 0.5km^2，剩余 7.8km^2 空地主要为城中村内的社区公园及停车场用地等（图 4-4）。

全市城中村用地范围内现状建筑面积约 4.5 亿 m^2，占全市总建筑面积的 43%。其中，居住建筑（含私宅、居住及商住）面积 2.9 亿 m^2，占全市居住建筑总面积（5.76 亿 m^2）的 50%；工业建筑（含工业、仓储）面积 1.4 亿 m^2，占全市产业用房总量的 55%，其他建筑（商业、办公及配套等）面积 0.2 亿 m^2。

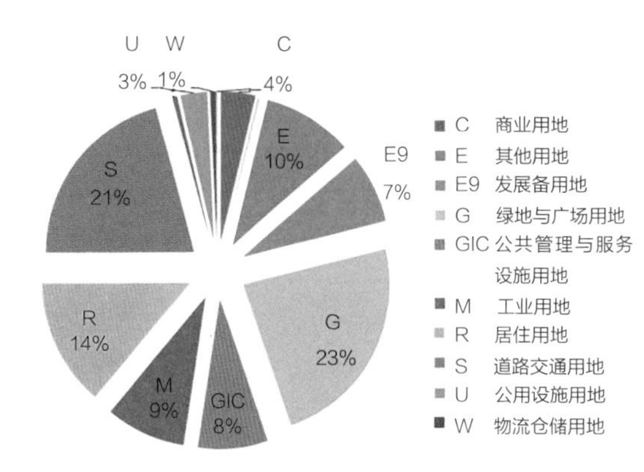

图 4-4　城中村空地规划功能占比

空间分布方面，原特区外城中村建筑面积 4.1 亿 m^2，占比 92%。其中，宝安、龙岗两区城中村建筑规模较大，建筑面积分别约为 1.5 亿 m^2 和 1.1 亿 m^2，合计占全市城中村总建筑面积的 60%（图 4-5）。

城中村人口规模方面，根据市社区网格管理办公室 2017 年 10 月的实有人口数据，全市实有人口 1905 万人，其中居住在城中村内的总人口约 1231 万人，占全市实有人口的 64%。原特区外城中村实有人口 1069 万人，占全市城中村实有人口的 87%；主要分布在宝安、龙岗、龙华三区，合计占全市城中村实有人口的 74%（图 4-6）。

城中村内的就业人口 949 万，占全市就业人口总数的 67.5%。不同区域的城中村就业人口从事的行业结构有明显差异，其中原特区外城中村就业人口 838 万，从事工业、商业服务业及其他行业的人口占比分别为 62%、18% 和 20%，工业就业人口的分布与工业园区紧密结合。原特区内城中村就业人口约 111 万，从事工业、商业服务业及其他行业的人口占比分别为 23%、35% 和 42%（图 4-7）。

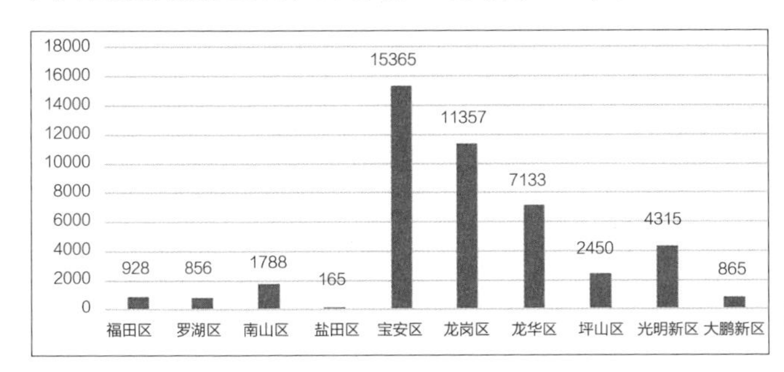

图 4-5　各区城中村建筑面积（单位：km^2）

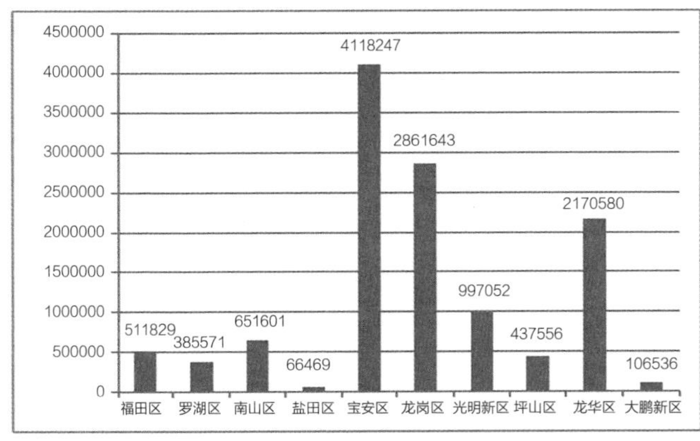

图 4-6　各区城中村人口规模（单位：人）

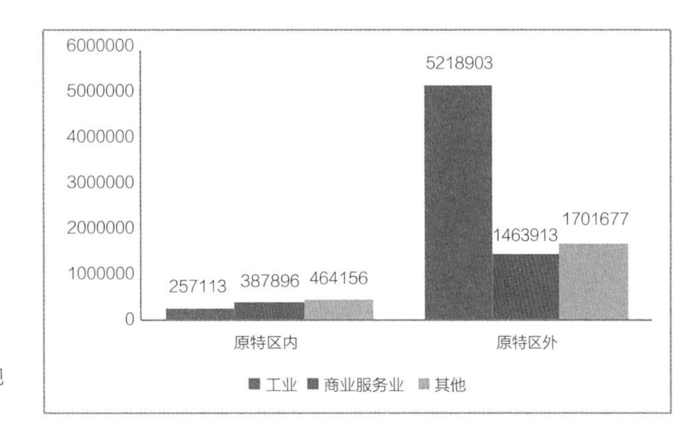

图 4-7　城中村各行业就业人口规模（单位：人）

4.2.2　城中村价值挖掘

深圳城中村在城市发展中发挥了重要的综合性价值，主要表现在以下几个方面。

①城中村承担了相当规模的住房保障职能。城中村容纳了全市 64% 的实有人口，为深圳提供了重要的居住空间；同时，还保障了全市超过三分之一高学历人才的住房需求。城中村内的大专及以上学历人口 98.7 万，占全市大专及以上学历人口的 36.3%，主要分布在轨道站点周边的城中村。其中，原特区内城中村大专及以上学历人口 22.9 万人，占原特区内城中村实有人口的 14.2%；原特区外城中村大专及以上学历人口 75.8 万人，占原特区外城中村实有人口的 7.1%（图 4-8）。

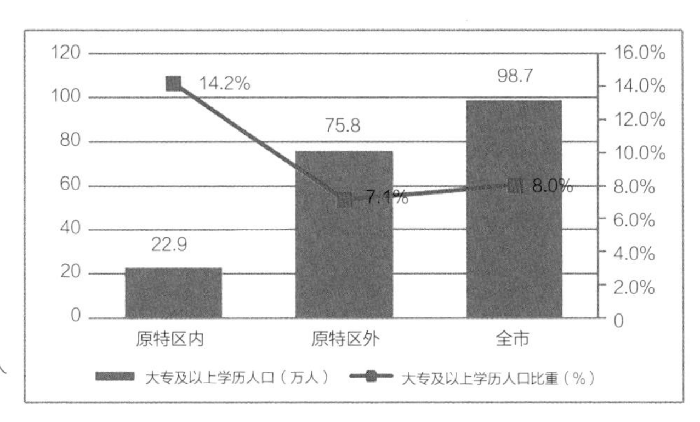

图 4-8　城中村内大专及以上学历人口规模及占比

②城中村提供了大量的低成本居住空间。城中村内居住建筑占全市居住建筑总面积的50%，相同地区内城中村居住租金不及村外租金的一半，在空间上呈现出由原特区内向外围逐层递减的现象。原特区内城中村私宅租金[①]以 40 ~ 60 元 /m^2 · 月为主，普通住宅租金以 80 ~ 100 元 /m^2 · 月为主，城中村私宅的租金仅为普通住宅的一半。新安、西乡、民治、坂田、布吉等紧邻原特区内的地区城中村私宅租金以 20 ~ 40 元 /m^2 · 月为主，普通住宅租金以 60 ~ 80 元 /m^2 · 月为主；宝安区北部、光明新区、龙华区北部、龙岗区东部、坪山区等地区的城中村私宅租金大多在 20 元 /m^2 · 月以下，普通住宅租金以 40 ~ 60 元 /m^2 · 月为主；城中村私宅的租金仅为普通住宅的 1/3 到 1/2（图 4-9、图 4-10）。

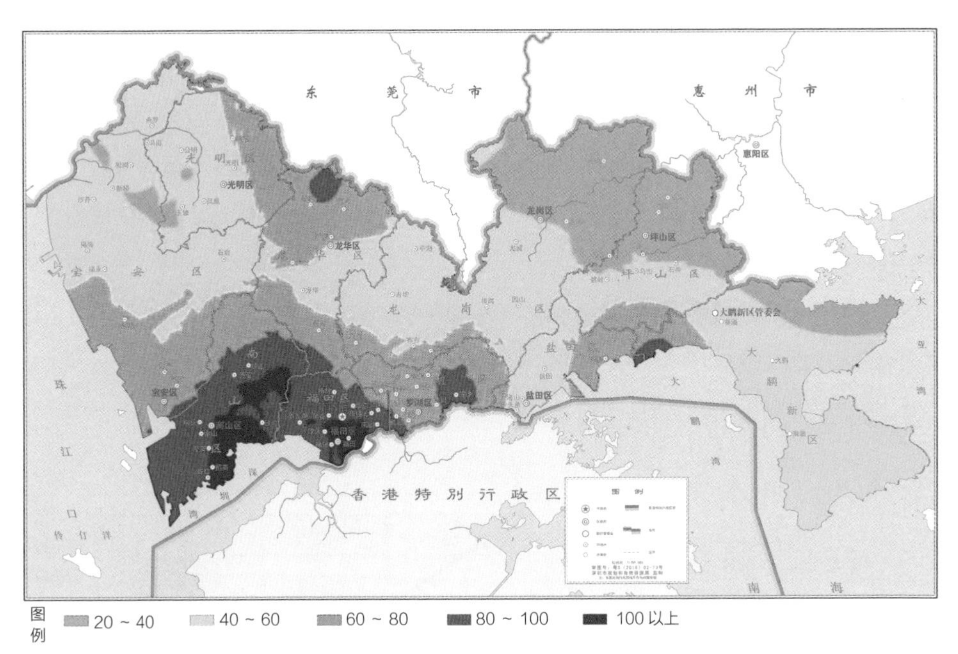

图 4-9　深圳普通住宅平均租金分布图（单位：元 /m^2 · 月）

① 数据来源：《深圳市城中村总体规划纲要（2017—2025）》

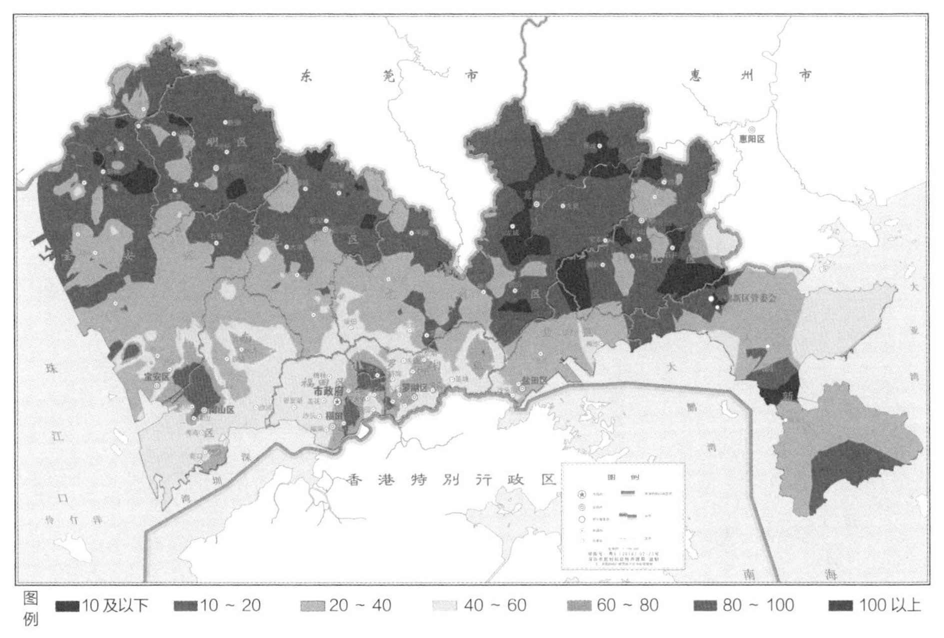

图 4-10　深圳城中村私宅平均租金分布图（单位：元 /m²・月）

③城中村促进城市职住平衡。城中村为全市大量劳动人口的工作通勤提供了就近的居住空间，提升了全市整体职住平衡水平。城中村就业人口占城中村总人口比重达 77%，显著高于城中村外比重（67.5%）。城中村内平均通勤距离小于城中村外。通过对全市匹配地理信息的 240 万个人口数据进行分析，计算人口居住地与就业地之间的平均直线距离，得出全市平均就业通勤距离为 12.5km。其中，城中村内居民就业通勤距离为 12km，明显小于城中村外居民就业通勤距离（14km）（图 4-11）。

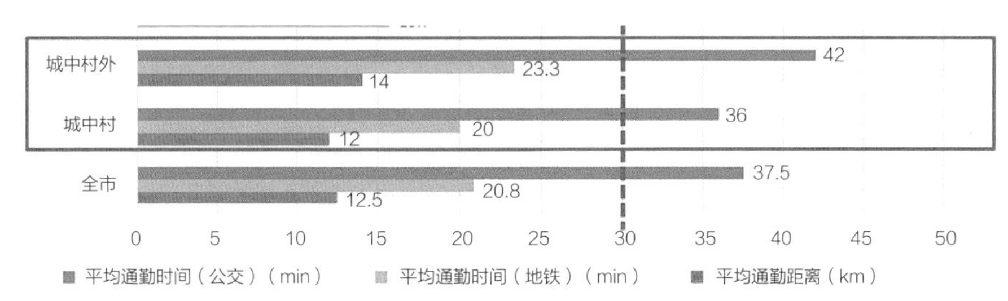

图 4-11　全市通勤距离与时间分布

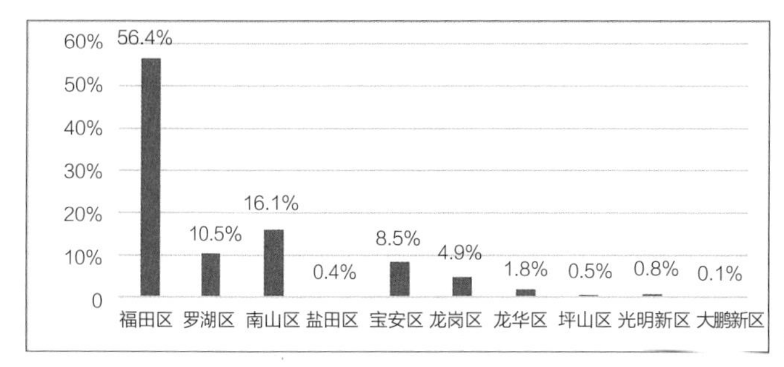

图 4-12　上沙村居民就业地分布

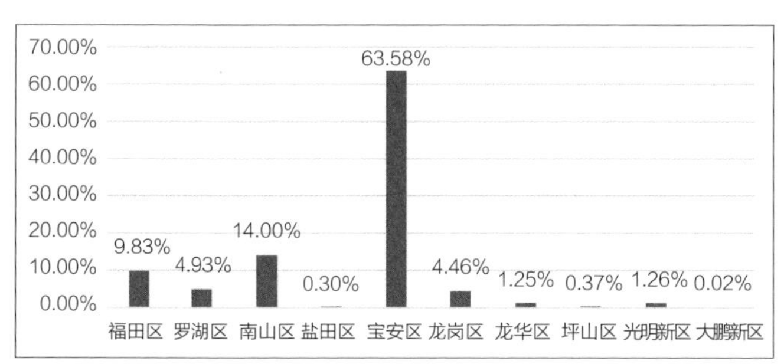

图 4-13　翻身村居民就业地分布

下面将以上沙村和翻身村为例，进行职住平衡分析。

上沙村位于城市中心区福田区的沙头街道，居住用地面积 26.2hm^2，居住建筑面积 123.6 万 m^2，居住总人口 68124 人，其中劳动力人口（20 ~ 60 岁）58498 人，结合数据空间信息匹配情况，选取 34697 劳动力人口数据（占上沙村劳动人口的 59%）进行分析，其中有约 56% 的上沙村居民实现了本区就业，16% 的上沙村居民在南山就业，11% 的居民在罗湖就业，即共 83% 的上沙村居民实现了就近就业（图 4-12）。

翻身村位于宝安区新安街道，居住用地面积 50.5hm^2，居住建筑面积 135.4 万 m^2，居住总人口 69353 人，其中劳动力人口（20 ~ 60 岁）56113 人，结合数据空间信息匹配情况，选取 35148 劳动力人口数据（占翻身村劳动人口的 63%）进行分析，其中有约 64% 的翻身村居民实现了本区就业，14 % 的翻身村居民在南山就业，即共 78% 的人口实现了就近就业（图 4-13）。

通过分析上述两村职住平衡，可得出如下结论：城中村内平均通勤距离小于全市平均水平，且城中村居住人群就近就业的比例较高。城中村不仅在提供低成本居住空间方面具有极大的优势，在促进城市职住平衡方面亦具有积极的意义。

④传承城市文化脉络。根据《深圳市城市紫线规划（修编）》，城中村紫线规模 1.9km^2，根据深圳市规划和自然资源局组织编制的《深圳市历史风貌区和历史建筑专项调查、评估、保护行动规划》，城中村内历史风貌区规模为 8.7km^2，根据深圳市第一批历史建筑名录共 45 个，城中村内的历史建筑有 34 个，上述城中村三类历史文化空间总面积为 9.75km^2，占全市比例 85%。全市特色空间（图 4-14）及非物质文化遗产也主要集中在城中村内，城中村记录了深圳由渔村到现代都市的发展脉络，是深圳市历史文化空间的载体，保存了历史记忆，形成了深圳特有的文化与活力（图 4-15）。

学堂书院—凡伯公家塾正面

坛庙祠堂—怀月张公祠内部

传统民居—湾厦炮楼

图 4-14　深圳市历史文化空间

图 4-15　深圳市非物质文化遗产

4.2.3　城中村存在的主要问题

（1）城中村历史遗留问题突出和历史违建规模大，影响了城市化进程

经历了 1992 年统征和 2004 年宝安龙岗两区城市化转地，深圳理论上实现了全部土地国有化，但仍存在大量未完善征转手续用地掌握在原农村集体经济组织和原村民手中，一直没有纳入规范化管理，这也使城中村建设管理长期游离于城市管理体制以外，目前针对历史遗留问题的处置政策也在逐步完善过程中。根据地籍调查，城中村内非农建设用地规模约 33.2km^2，仅占总用地规模的 10%（表 4-1）。

各区城中村内非农建设用地规模　　表 4-1

辖区名称	城中村内的非农建设用地（hm^2）
宝安区	992.6
龙岗区	1018.8
龙华区	316.8
坪山区	454.1
光明新区	276.7
大鹏新区	257.1
总计	3316.1

名义上已征为国有的土地与实际上村民和村集体无限期使用之间存在着矛盾，以“土地用途管制制度”为基础的城市规划和管理措施在原村民及原村集体占有的土地上难以有效执行，从而产生了大量违建。根据深圳市“历史违建一张图”，截至 2017 年底，深圳全市城中村违法建筑总面积为 4.19 亿 m^2，占城中村现状建筑总量的 93%（图 4-16）。

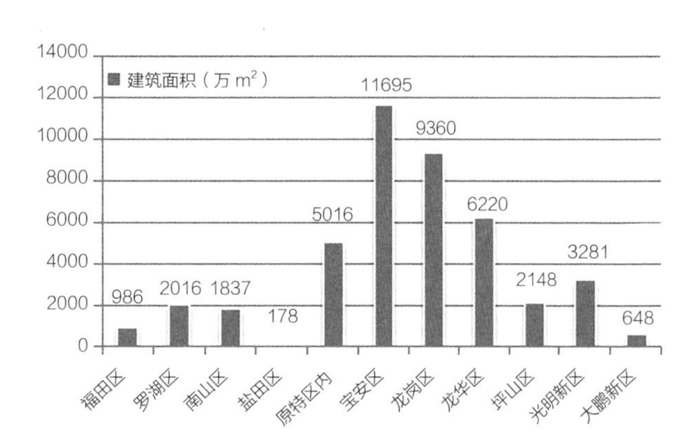

图 4-16　深圳市历史违建区域分布

（2）**人口总量和密度高，管理难度大**

根据城中村 2018 年实有人口数据，深圳市平均人口密度为 20273 人 /km^2，其中，城中村内平均人口密度为 40613 人 /km^2，城中村外平均人口密度为 13001 人 /km^2，城中村内人口密度是城中村外的 3 倍，是全市平均人口密度的 2 倍，远高于伦敦、纽约、巴黎、东京、北京、广州、香港等国内外大都市中心区的人口密度（图 4-17）。高人口密度地区管理压力大，城中村人口密度呈圈层布局，福田区、罗湖区、南山区和新安、西乡、民治、龙华、坂田、布吉、南湾街道等原二线关沿线区域的城中村人口密度较高，均超过 50000 人 /km^2（图 4-18）。超高的人口总量和人口密度给住房保障、公共服务供给、社会治安等城市管理工作均带来巨大压力，各类安全隐患和社会风险激增。

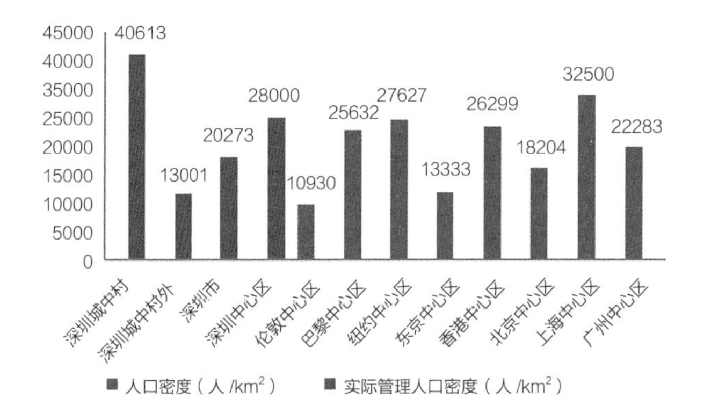

图 4-17 深圳市城中村与国内外大都市中心区人口密度比较

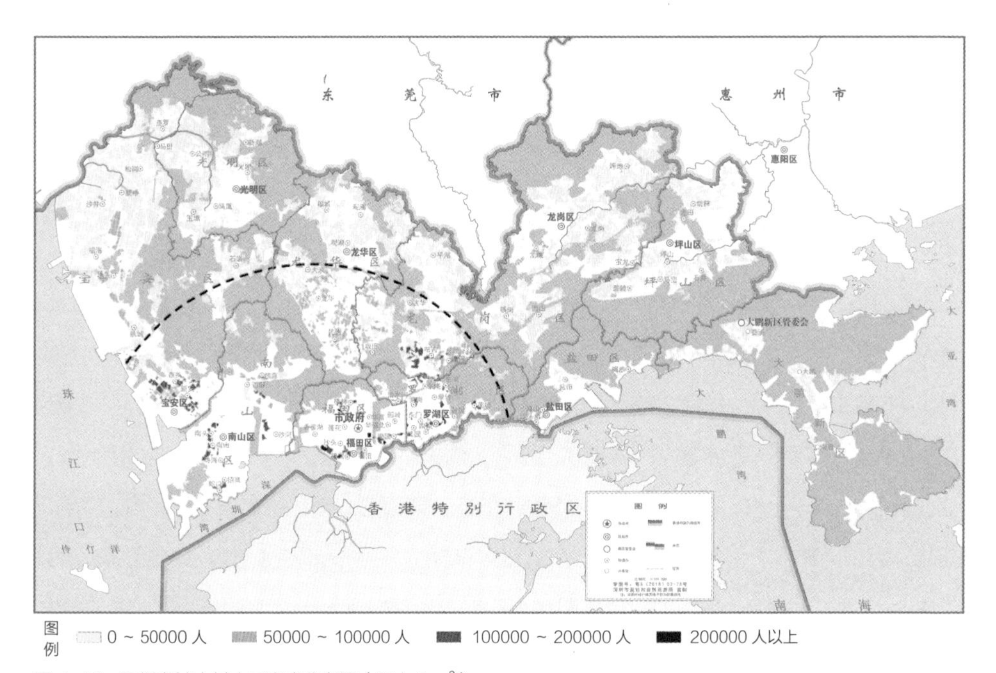

图 4-18 深圳市城中村人口密度分布图（万人/km^2）

（3）建筑覆盖率高，布局无序

按照《深标》要求，住宅 10 层及以上建筑覆盖率≤ 25%、10 层以下≤ 35%。城中村内 69% 居住用地的建筑覆盖率超出《深标》要求。城中村居住用地的平均建筑覆盖率为 40%，远高于城中村外居住建筑的覆盖率 28%。部分城中村建筑覆盖率超过 50%，如上沙村整体建筑覆盖率高达 59%，远高于周边住宅小区，导致城中村出现居住品质过低，道路狭窄，缺少公共空间，采光、通风差等问题（表 4-2）。

深圳市城中村建筑覆盖率分布 表 4-2

建筑覆盖率	占比
满足规范（< 35%）	31%
较高（35% ~ 50%）	55%
极高（> 50%）	14%

①城中村建筑布局无序。城中村内建筑多为村民自发建设，前期布局规划、内部交通规划以及建筑设计缺失，建筑缺乏整体性，没有预留合理的楼间距，“握手楼”现象突出。另外，城中村内违建楼、抢建楼数量较多，建筑外观、高度差别很大，导致城中村建筑布局杂乱无章。

②城中村开敞空间（绿地与广场）严重不足。城中村内绿地与广场用地规模占比仅 1%，为全市的 1/7，为城中村外的 1/10。从规划实施上看，城中村绿地与广场用地规划实施率 12%，仅为全市实施率的 1/3（图 4-19）。

（4）城中村设施建设滞后，公共服务不足

城中村内部道路可达性差，城中村现状支路网密度不足，未融入城市道路体系，存在大量“断头路”。内部道路狭窄、占道现象突出，交通十分不便。城中村内人车混行普遍，消防、救护车进出困难，存在较大的安全隐患（图 4-20）。

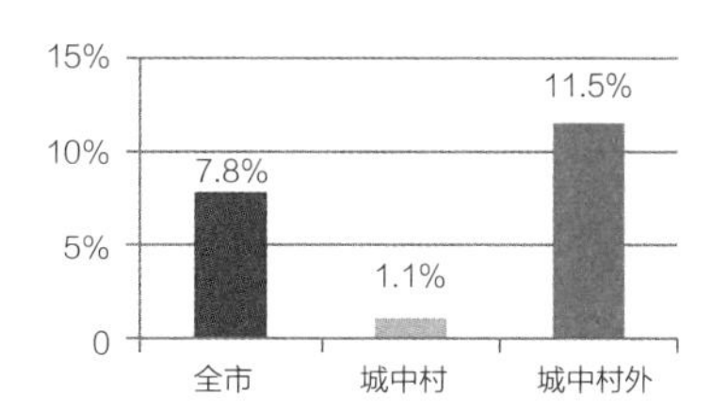

图 4-19 深圳市城中村和城中村外绿地与广场用地占比比较

图 4-20　深圳市城中村外部环境现状

①城中村存在各类安全隐患。一是部分城中村位于斜坡类地质灾害高易发区、熔岩塌陷地质灾害高易发区和内涝高风险区，需开展地质灾害及内涝治理工作。二是城中村内规划未落地消防站 40 处（总占地规模需 15 ~ 16hm^2），实施难度大，消防隐患突出（图 4-21）。三是部分城中村位于高压走廊和橙线范围内，存在较大安全隐患。

②城中村市政设施建设滞后。根据现状与规划一张图叠加分析结果，城中村内规划未建设市政设施用地约 3km^2，主要包括变电站 27 处、通信机楼 18 个、垃圾转运站 143 个等。至今尚有部分城中村未覆盖燃气管网，主要集中在沙井、公明、石岩、大浪、观澜、平湖、园山、葵涌等片区。部分城中村的市政设施落地难，给水和污水设施供应压力较大，存在供水难、污水乱排放的现象（图 4-22）。

③城中村公共服务设施供需失衡。城中村内人均公共设施面积远低于城中村外，其中人均学校用地规模仅为城中村外的六分之一，人均医疗和养老设施用地规模仅为城中村外的七分之一。由于城中村内人口规模大，但学校、医疗、养老等设施缺乏，城中村“上学难、看病难、养老难”的现象尤为突出。

④城中村公共服务设施落地困难。城中村公共设施规划实施率平均仅为城中村外公共

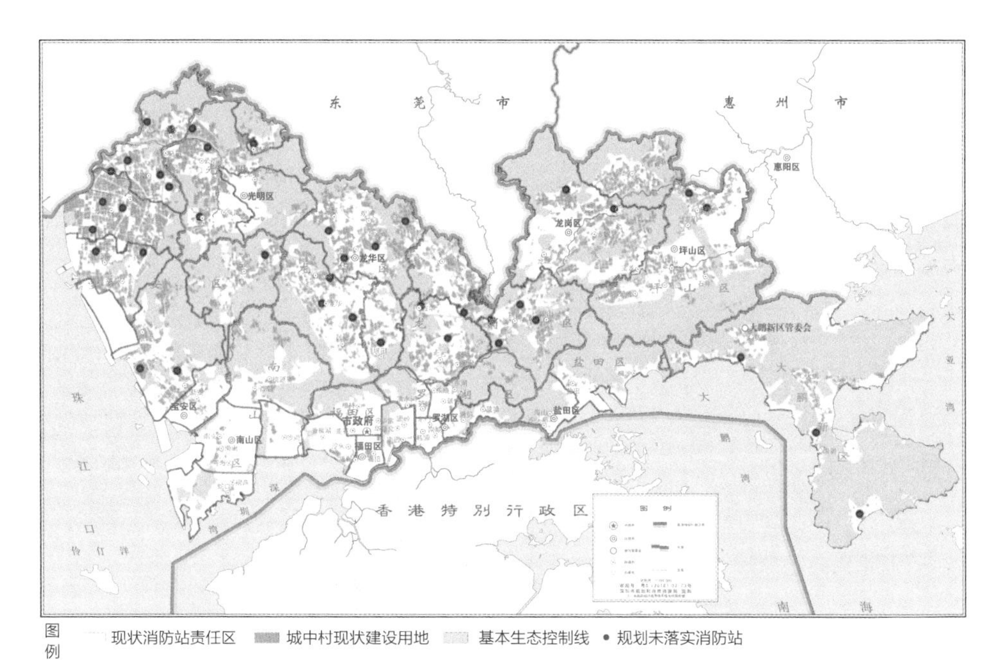

图例 现状消防站责任区 城中村现状建设用地 基本生态控制线 • 规划未落实消防站

图 4-21　深圳市城中村内规划未落地消防站

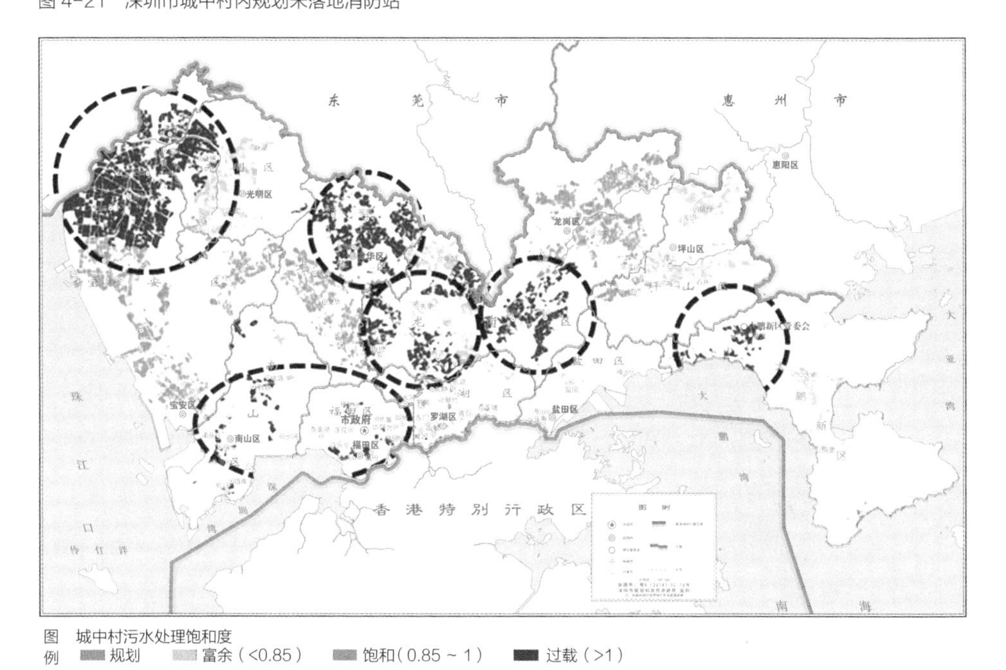

图例 城中村污水处理饱和度 规划 富余（<0.85） 饱和（0.85～1） 过载（>1）

图 4-22　深圳市污水处理厂负荷情况

设施实施率的一半。其中，教育设施规划实施率 44%、医疗设施规划实施率 32%、文体设施规划实施率 27%、养老设施规划实施率仅 5%（表 4-3）。

深圳市城中村规划未落地公共设施规模 表 4-3

规划未落地公共设施	设施数量	用地规模（hm^2）	用地布局	设施规模
教育设施	109 所小学 88 所九年一贯 36 所初中 45 所高中	约 550	220hm^2 位于城中村居住用地上，310hm^2 位于工业用地上，20hm^2 位于其他类型用地上	约 250000 个小学学位 约 150000 个初中学位 约 50000 个高中学位
医疗设施	44 所	125	21hm^2 位于城中村居住用地上，83hm^2 位于工业用地上，21hm^2 位于其他类型用地上	11000 床
文体设施	85 个	约 300	138hm^2 位于城中村居住用地上，151hm^2 位于工业用地上，11hm^2 位于其他类型用地上	——
养老设施	34 所	21	7hm^2 位于城中村居住用地上，10hm^2 位于工业用地上，4hm^2 位于其他类型用地上	8000 床

（5）城中村轨道网络覆盖水平有待提升

全市现状轨道站点 164 个，按照轨道站点 500m 服务范围计算，全市轨道覆盖率为 11%，城中村用地轨道覆盖率为 5%，远低于全市平均水平。

（6）基层治理能力薄弱，管理体制亟待优化

城中村基层治理能力薄弱，虽然在经历了两次农村城市化管理体制改革后，目前已形成“社区党委、社区工作站、社区居委会、股份合作公司”四位一体的组织架构，但由于四套班子的成员仍是以原村委会人员为主，重合度高，且股份公司具有绝对的领导权和话语权，其他社区组织缺乏独立性，与工作站人员的交叉使得居委会依然承担繁重的行政工作，难以有效履行其开展自治、管理社区和服务居民的基本职责。同时，“撤村设居”后，政府虽然逐步承接了社区公共事务的管理，但股份公司仍要对社区公共事务的管理提供一定的经济支持，并执行街道下达的各项社会管理任务，从而使股份公司董事会成员由于社会事务缠身而无法集中精力发展社区经济。此外，由于社区居民的自发性、无序性以及人口数量的庞大，社区组织对社区的管理仅仅局限于原村民，大量的流动人员几乎被排除在社区公共事务之外，导致暂住人口缺乏社区归属感，对社区事务漠不关心，从而造成众多社会问题，并对社会稳定构成潜在威胁。

4.3 城中村更新改造价值导向

4.3.1 城中村更新改造面临的矛盾

市场化更新的利益导向与城中村差异化更新需求的矛盾。深圳城市更新是一种“自下而上”的市场化运作模式，城中村改造的实施依赖市场动力，更新的方式和手段也受制于开发主体的选择，政府对此长期缺乏话语权和有效的调控手段。在此背景下，受开发主体追求高周转、高回报的资本逐利特性影响，拆除重建逐渐成为城中村更新的代名词，而侧重于内涵提升的综合整治却无人问津，最终导致了城中村更新的结构性失衡。此外，在市场选择过程中，一旦城中村的现状容积率超出一定的限度，导致拆除重建后的利润无法覆盖前期成本，就会失去对以追求利润为目标的市场化更新主体的吸引力，从而致使拆建式更新无法进行，而此类城中村恰恰因为安全隐患突出、公共服务缺乏、环境品质较差存在大量的空间优化需求，因此需要对城中村更新方式和手段进行精细化引导。

拆建式更新效果与城中村价值延续的矛盾。深圳城中村普遍建筑质量较好，且能提供大量廉价住房，在一定程度上弥补了城市保障房政策的缺位，降低了城市的运营成本，提升了城市的竞争力。对城中村一味地拆除重建不仅是对城市资源的浪费，还破坏了其核心价值，拆建后的城中村化身为高端住宅和商业综合体，虽然改善了人居环境，提升了城市形象，但却丧失了原有空间尺度下无穷的生命力与包容性，不利于城市可持续发展。但在市场化的运作模式中，市场主体较多地采用了粗暴的拆建式更新，更新后的产物与城中村原有的价值不相匹配，导致城市低成本生活空间消失、职住失衡加剧等新的城市问题。因此，从价值延续的角度来看，城中村更新后应该在一定程度上继续提供和保护城市外来人口的生产和生活空间。

4.3.2 城中村更新改造的目标和策略转型

针对上述两方面的矛盾，深圳在推进城中村城市更新的过程中，也在不断修正和调整城中村更新改造的目标和策略，受市相关主管部门委托，笔者所在研究团队编制了《深圳市城中村（旧村）综合整治总体规划（2019—2025）》（以下简称《城中村综合整治总体规划》），并于 2020 年 3 月 27 日由深圳市规划和自然资源局正式印发。《城中村综合整治总体规划》从城市发展战略高度出发，以提高城市发展质量和提升城市竞争力为核心，提出了审慎对待城中村大拆大建，全面推进城中村有机更新，合理有序、分期分类开展城中村改造，保护低成本居住空间、活化珍贵文化遗存、传承优秀地方文化的总体目标。通过划定城中村综合整治分区，鼓励以综合整治为主，融合辅助性设施加建、功能改变、局部拆建等方式，形成一批城中村更新示范项目，通过微改造的绣花功夫，逐步实现城中村安全隐患消除、居住环境和配套服务改善、产业转型升级、城市空间布局优化、治理保障体系提升等目标，促进城中村转型发展，努力将城中村建设成安全、和谐的特色城市空间（图 4-23）。

在规划目标指引下，还提出了优化功能结构、提升支撑水平、提高住房保障能力、活化历史文化资源、引导产业转型升级、促进社区全面发展六方面的发展策略，逐步解决城中村发展的突出问题，满足人民日益增长的美好生活需要。

①优化城中村功能与结构。采取多元方式盘活深圳城中村用地，实现城中村功能与结构的调整，进而推动城市整体功能与结构的优化。鼓励都市核心区内的城中村采取综合整治为主、拆除重建为辅的发展策略，在保留低成本居住空间的前提下，提升城中村空间品质，完善公共服务能力。通过划定综合整治分区，对全市城中村拆除重建行为进行管控，达到适度保留城中村内居住用地规模的目标。

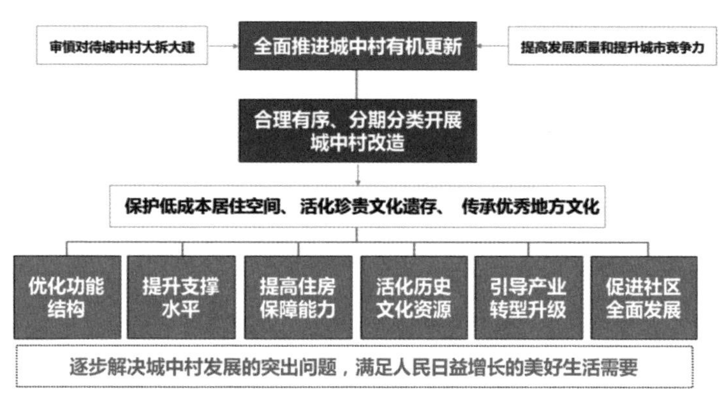

图 4-23　城中村更新目标和策略

②提升城市公共服务和基础支撑水平。立足民生补足城中村公共服务和基础设施缺口，消除城中村安全隐患，改善城中村公共空间品质。鼓励通过综合整治的方式改善居住生活环境，针对建筑覆盖率过高的城中村，鼓励探索通过局部拆建的方式增加广场、绿地等公共空间。

③提高住房保障能力。保障中低收入人群住房需求，通过城中村综合治理改善公共卫生环境，解决消防安全隐患，为中低收入人群提供一定规模的住房空间，促进社会和谐发展。通过改善沿街立面、完善配套设施、增加公共空间、美化环境景观、优化住宅内部环境等手段，为全市提供较高品质、较低成本的居住空间。

④活化城中村历史文化资源。通过综合整治集中保留并活化利用一批具备重要历史文化或特色文化价值的城中村。鼓励对城中村内连片分布的历史建筑群、历史风貌区及紫线保护区、传统古村落等开展综合整治，注入文化创意及特色旅游产业，保护历史文脉的传承与延续。

⑤引导产业转型升级。多方式开展旧工业区升级改造，加快对城中村成片老旧工业园区的整合和改造升级，由政府主导，统一规划开发，整合空间资源，打造产业聚集区，提高土地利用效率。

⑥促进社区全面发展。引导原农村集体经济组织继受单位合理确定更新方式，有序推进原集体物质形态升级和经济转型。通过多方良性互动的“共治共建共融”城中村治理新模式，提升城市外来人口的认同感和归属感。同时，引导村属企业经营结构从单一的物业出租形态向多元化经营转变。完善社区管理和服务体制，增强基层自治能力。同时，积极引导社会组织健康规范发展，增强其参与城市更新、社会管理和公共服务的积极性。

4.4 城中村综合整治分区划定

结合当前城中村更新面临的矛盾，在城市规划确定的目标和策略指引下，明确通过划定城中村综合整治分区，给予社会明确预期，鼓励各方力量对城中村开展以综合整治为主的更新活动。因此，规划的核心工作就是如何科学、高效地划定好城中村综合整治分区范围，以及如何进行分区管理。

4.4.1 技术方法探讨

城中村综合整治红线的划定虽然在学术界已经有较多的思考与讨论，但尚未有过项目实践，加之深圳城市更新较为独特的“自下而上”市场化环境，因此《城中村综合整治总体规划》创新性地从经济可行性角度出发，以城中村容积率拆除重建的红线为核心技术支撑，以划定规则和分区规模控制综合整治分区的质与量，并协调市与各区、各区与街道、个体与城市间的利益博弈，最终确定城中村综合整治分区（图 4-24）。

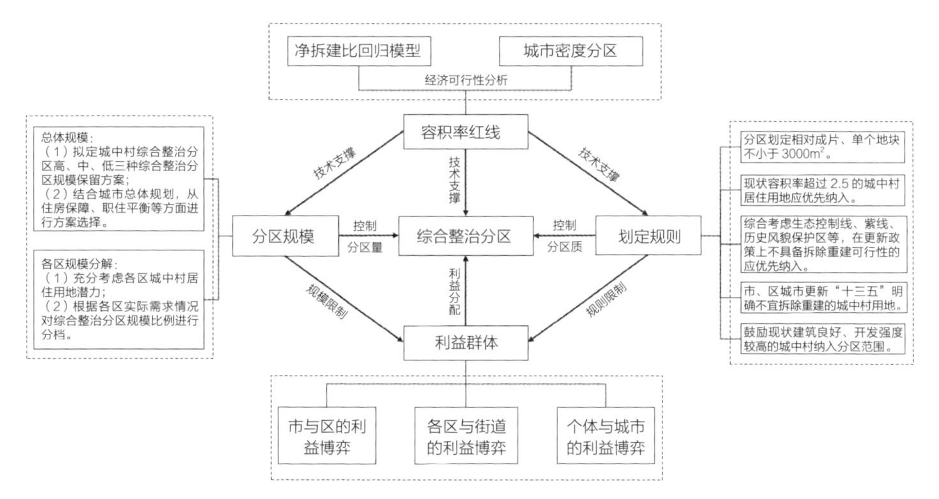

图 4-24　城中村综合整治分区划定技术框架

4.4.2　探索城中村拆除重建的容积率红线

《城中村综合整治总体规划》首先基于对深圳市 170 个已批规划的城中村拆除重建项目，构建了净拆建比与更新单元规模的回归模型。根据 2019 年《深圳城市密度分区标准与准则》，按照密度一、二区规划容积率上限为 6，密度三、四、五区规划的平均容积率上限为 5，以更新后容积率上限进行反向推导，得出城市更新亏损的临界拆建比为 1.4，即拆建比低于 1.4 的项目经济不可行。

现状容积率上限测算公式如下：

$$\mathrm{FAR}_{现}=\frac{S_{规}\times \mathrm{FAR}_{规}(1-S_{保})}{S_{拆}\times P}$$

式中：$\mathrm{FAR}_{现}$为现状容积率上限，$S_{规}$为规划用地面积，$\mathrm{FAR}_{规}$为规划容积率，$S_{保}$为城市更新项目需要移交的保障性用房比例，$S_{拆}$为拆除用地面积，P 为净拆建比。

规划依据城市更新临界拆建比反向推导城中村拆除重建的现状容积率上限。按深圳城中村拆建平均移交比例 30% 计算，更新项目中规划建筑面积为拆除面积的 70%，即 $S_{规}/S_{拆}=0.7$。$FAR_{规}$根据现行《深圳市城市规划标准与准则》规定，居住类用地的规划容积率上限为 6.0。$S_{保}$按 15% 计算、净拆建比 P 按城中村更新项目净拆建比极小值 1 ∶ 1.4 计算，得 $FAR_{规}=2.5$。即现状容积率为 2.5 及以上的城中村居住用地拆除重建经济不可行，原则上应纳入拆除重建范围，为城中村居住用地更新的分区管控提供了核心技术支持。结合城中村摸底调查，得出现状容积率为 2.5 及以上的城中村居住用地潜力规模为 29km^2。

4.4.3 合理确定城中村综合整治分区划定规模

按照深圳市总体规划确定的 15 亿 m^2 目标建筑规模管控要求，通过协调城市更新、土地整备、棚户区改造等多种存量开发模式的建筑增量需求，推算得出 65km^2、55km^2 和 50km^2 三种城中村居住用地保留规模方案。根据当时在编的《深圳市城市总体规划（2017—2035）》（征求意见稿），从住房保障、职住平衡、城市文脉传承、城市发展多样性等角度考虑，未来需保留超过 50% 的城中村居住用地，而城中村底图面积为 106km^2，即分区规模至少为 53km^2。在众多争议和市区博弈的基础上统一了认识，最终确定了全市 55km^2 的城中村居住用地综合整治分区规模。按照分区负责的原则，将上述 55km^2 的指标按照以下两个原则分解至各区：

①应充分考虑各区城中村居住用地潜力，并以此为基础确定城中村综合整治分区划定规模。

②根据各区实际需求潜力情况对综合整治分区规模比例进行分档。鉴于福田区、罗湖区和南山区的就业岗位相对集中，且住房需求缺口较大，对低成本居住空间需求潜力在全市属于第一层次，综合考虑各方面因素建议城中村综合整治分区划定比例不低于 75%；而其他各区处于第二层次，建议综合整治分区划定比例不低于 55%。

综上，以各区城中村居住用地面积为基底，乘以相应的划定比例，得出各区城中村居住用地的综合整治分区划定规模（表 4-4）。

深圳市各区城中村居住用地综合整治分区划定规模 表 4-4

各区名称	规模（hm^2）
福田区	127
罗湖区	135
南山区	181
盐田区	12
宝安区	1610
龙岗区	1487
龙华区	859
坪山区	409
光明新区	416
大鹏新区	266
总计	5502

4.4.4 明确综合整治分区划定条件

针对分区划定涉及利益巨大且相关群体广泛的特征，规划通过市、区政府多轮沟通协调、竭力争取多方力量支持等方式，与诸多利益群体展开了多轮博弈，并结合管控与保护区线、容积率红线、市区城市更新“十三五”规划结合地块完整度等因素，制定了统一的城中村底图核增和核减规则（图 4-25），明确了具体的综合整治分区划定条件（图 4-26）。

核减规则

- **原始底图中具备以下情形之一的用地允许核减：**

（1）用地类型为国有已出让且用地单位为非原农村集体股份公司的用地（建设形态为城中村私宅或宗祠的除外）。

（2）建设形态为成片住宅小区的原农村统建楼或合作建房项目。

（3）现状土地用途为工业，且上盖建筑物为工业厂房的用地。

（4）单个地块，用地面积在3000㎡以上的空地（不含操场、硬质广场及体育活动场地）。

（5）已取得计划立项批准正式文件的城市更新、土地整备、棚户区改造及用地清退项目内用地，经提供相关批复证明材料及项目范围矢量数据，可核减相关用地。

- **原始底图中具备以下情形之一的用地不建议核减：**

（1）未完善征转手续的非工业用地，包括未取得产权的私宅、宗祠、统建楼（非成片住宅小区形态）、外卖地、商住楼、市场、商业街、行政办公用房（股份公司或部分社区工作站）、村属公共设施（学校、文体中心、广场、3000㎡以下的社区绿地等）。

（2）用地类型为国有已出让但用地单位仍为原农村集体股份公司的用地（不含建设为成片住宅小区形态的用地）。

（3）用地类型为国有已出让但建设形态为城中村私宅或宗祠的用地。

（4）截至2018年7月，尚未取得计划立项批准正式文件的城市更新、土地整备、棚户区改造及用地清退意向项目内用地。

（5）未取得规划批复，且拆除范围不确定或存在争议的历史计划项目（历年计划、2010年结转计划、2010年实施计划）内用地。

核增规则

- **位于各区原始底图外，同时具备以下情形的用地建议核增进入底图：**

现状为非工业用途、不涉及已取得计划批准正式文件的城市更新、土地整备、棚户区改造及用地清退项目用地，且建设形态为城中村私宅、宗祠、统建楼（非成片住宅小区形态）、商住楼、市场、商业街、行政办公用房（股份公司或部分社区工作站）、村属公共设施（学校、文体中心、广场、3000㎡以下的社区绿地等）的用地。

图 4-25　城中村底图核增和核减规则

分区划定条件：城中村居住用地符合以下条件的，划入综合整治区

（一）综合整治分区应当相对成片，按照相关规范与技术规定，综合考虑道路河流等自然要素及产权边界等因素予以划定，单个地块原则上不小于3000 m²。

（二）现状容积率超过2.5的城中村居住用地从经济可行性等因素考虑，应优先划入城中村综合整治分区范围。

（三）位于基本生态控制线、紫线、历史风貌保护区、橙线等城市控制性区域范围内的城中村居住用地，从更新政策上不具备拆除重建可行性，应划入城中村综合整治分区范围。

（四）市、区城市更新“十三五”规划明确的不宜拆除重建的城中村居住用地，应划入城中村综合整治分区范围。

（五）根据广东省“三旧”改造政策无法进行标图建库的成片用地（即2009年12月31日后建设的）。

（六）鼓励各区将现状建筑质量较好、现状开发强度相对较高的城中村用地划入综合整治分区范围。

图 4-26　城中村综合整治分区划定条件

4.4.5 合力开展综合整治分区划定

针对分区划定涉及利益巨大且相关群体广泛的特征，通过市、区、街道、社区等多级联动，并与村相关利益主体代表进行充分沟通，协同开展了全市综合整治分区划定工作。具体程序是市局首先制定了全市城中村综合整治分区划定工作方案，各区按照工作方案明确的划定规模和条件要求，联合街道和社区一起拟定辖区的综合整治分区划定范围，经过公示程序后报辖区城市更新领导小组审议，审议通过后报市局汇总。市局统筹汇总形成全市的综合整治分区范围，纳入《城中村综合整治总体规划》，并经公开征询意见后报市政府批准。城中村综合整治分区获得批准后，还搭建了地理信息数据库并纳入规划"一张图"系统进行管理（图4-27）。

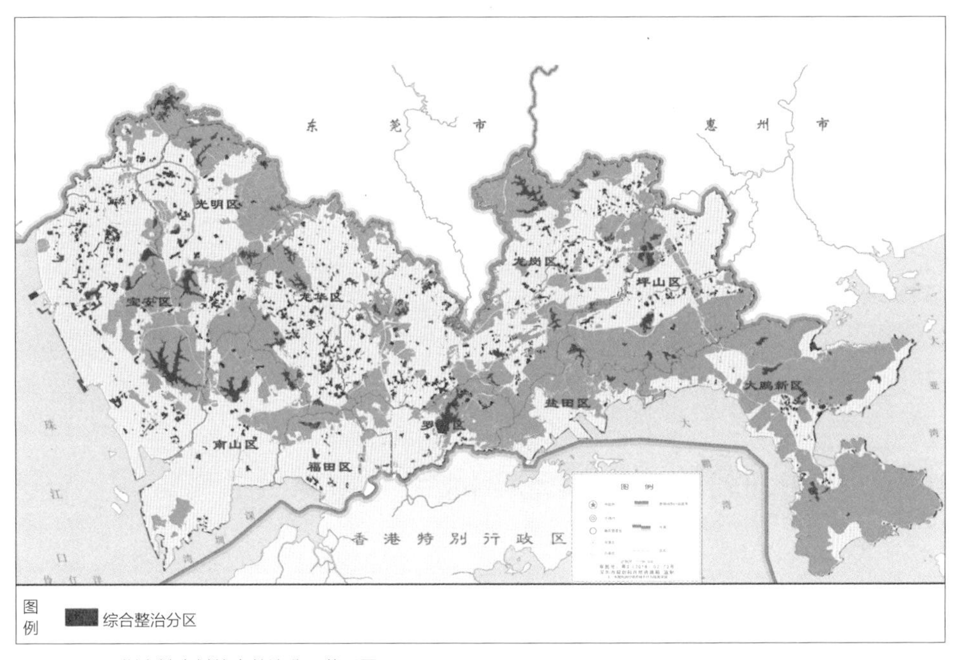

图 4-27　深圳市城中村综合整治分区范围图

4.4.6 制定刚弹结合的分区管理机制

在 2004 年《城中村（旧村）改造暂行规定》中，各项措施多以引导性条文为主，缺乏明确的强制性要求，导致规划刚性不足，政府缺乏有效的管控手段。因此，在 2020 年的《城中村综合整治总体规划》中强调了对城中村综合整治分区的刚性管理。规划明确了划入综合整治分区的城中村不得进行拆除重建，而是引导其进行以综合整治为主的有机更新。

同时，为避免规划影响市场活力和“一刀切”等现象，规划还制定了以“占补平衡”和以“总规模不减少”为前提的年度调整机制。综合整治分区总量和整治分区空间范围调整均应遵循“总量指标不减少，功能布局更合理”的原则，由各区政府按照年度制定总量占补平衡方案，保障各区的综合整治分区总规模不减少，并鼓励各区通过计划清理等方式增加综合整治分区空间范围，具体的刚弹性管理机制如图 4-28 所示。

刚性管理机制	弹性管理机制
除法定规划确定的公共利益、清退用地及法律法规要求予以拆除的用地外，综合整治分区内的用地不得进行大拆大建。 鼓励综合整治分区内的用地开展以综合整治为主的城市更新模式。	1. 按年度调整 2. 每年调整规模不得超过10%，规划期内不超过30% 3. 调整原则：占补平衡 4. 调整项目要求具备以下条件： • 区政府主导推进的土地整备项目或棚户区改造项目； • 因落实重大基础设施、重大产业项目确需通过拆除重建类更新予以实施的项目，以及近期高度具备可实施性的拟拆除重建类更新项目。

图 4-28 城中村综合整治分区刚弹性管理机制

4.5 城中村有机更新模式与标准

为高质量做好城中村综合整治分区管理，规划营造了分区范围内“有堵有疏”的管理环境。“堵”是指综合整治分区管控住了城中村拆除重建的路径，旨在守住城中村发展的底线规模；“疏”是指鼓励城中村进行有机更新，为城中村发展寻找一条可持续的路径。

4.5.1 引导目标

按照习近平总书记更多采用微改造“绣花”功夫的重要指示，结合深圳城中村的实际需求，研究提出“创新综合整治手段、鼓励品质特色发展”的引导目标，研究提出了加强安全底线保障、完善基本公共服务配套、增强历史文化传承、塑造城市特色风貌、提升人居环境品质五大综合整治目标，并在传统综合整治基础上，又提出两类新模式：一是允许城中村增加少量辅助性公用设施，或通过现状建筑改变功能增加社区级公共配套设施、小型商业服务设施及公共空间；二是在确有必要的前提下，进行局部拆建，消除重大安全隐患、完善基础设施和公共设施（表 4-5）。

城中村三类综合整治模式与具体要求　　表 4-5

综合整治模式	具体要求
传统综合整治模式	立面改造、环境治理
加改扩建模式	增加不超过现状建筑面积 15% 的电梯、连廊、楼梯、配电房等辅助性公用设施；利用现状建筑将功能完善的社区级公共配套设施及小型商业服务设施，改造为架空停车场或架空花园、屋顶花园等公共空间
局部拆建模式	拆除部分建筑，打通市政道路，增加公共开放空间及消防车道、紧急避难场；落实社区级独立占地公共服务设施、市政基础设施

局部拆建模式是针对无法通过传统综合整治、加改扩建等手段落实安全及公共服务设施建设要求，而必须通过局部拆建予以解决的模式。采取局部拆建模式改造目标最高、实施难度最大，政策突破性最强。因此，下文将重点对局部拆建模式开展研究。

4.5.2 局部拆建保障对象确定

以“保基本”为原则，确定局部拆建的保障对象与建设标准。局部拆建能提供的公共利益用地有限，必须聚焦解决社区基础的安全与保障问题。因此，研究对深圳市城中村空间进行整体评估，从保基本、可实施角度，将局部拆建的保障对象锁定为安全保障类和基本公共服务两类，其中安全保障类包括消防车道与应急避难场所；基本公共服务类主要指社区级公共服务（包括幼儿园、小型垃圾转运站、泵站、变电站、消防站等）（表 4-6）。

城中村综合整治重点保障的设施类型与占地比例　表 4-6

设施类型	测算标准	$1km^2$ 面积测算设施规模（hm^2）	设施配建面积比例
消防车道	路红线不宜小于 10m，其中路面宽度 6 ~ 9m	10	10%
紧急避难场所	人口密度 7.7 万人 $/km^2$ 人均有效用地面积指标不应低于 $0.5m^2$/ 人	3.85	3.85%
社区级公共服务	人口密度 7.7 万人 $/km^2$ 人均设施面积按《深圳市城市规划标准与准则》测算	16.2	6%
小计	—	30.05	—

4.5.3 局部拆建经济可行性分析

以“拆建比”为要点，保障局部拆建实施的经济可行性。对因公共设施建设需求而拆除的物业部分，按照产权调换方式在项目内部回迁安置，研究通过全样本比例分析和个案模拟方式，在全市提出了统一的净拆建比，提高政策的覆盖对象范围，保障城中村局部拆建实施的经济可行性（图 4-29）。

①全样本比例分析法。

模型分析：$Y=(1-P_{移})\times R_{限}/R_{现}$

Y 为净拆建比，是应产权调换需求需要回迁的建筑面积与实际拆除用地上的现状建筑面积之比；$R_{现}$为政策可实施的现状容积率上限；$P_{移}$为实际土地移交率，通过全市纳入综合整治分区范围内，由（城中村未实施支路 + 未实施城中村基本公共服务设施用地面积）/ 城中村面积测算，全样本分析后 P 移取值区间为 30%；$R_{限}$为政策可实施的规划容积率上限，依据《深圳市城市规划标准与准则》，由 $R+C$ 最高基础容积率确定，取值 8.7。

$P_{移}$与 $R_{限}$为定量，$R_{现}$与 Y 相关。考虑到政策覆盖率超过 90% 视为有效，以纳入城中村综合整治分区范围内的全样本城中村为对象，对应的 $R_{现}$为 3.0 ~ 3.5，测算 Y 为 1.74 ~ 2.03，依据项目经验，城中村拆除重建比 1.7 为盈利门槛，综合考虑，提出拆建比区间为 1.8 ~ 2.0。

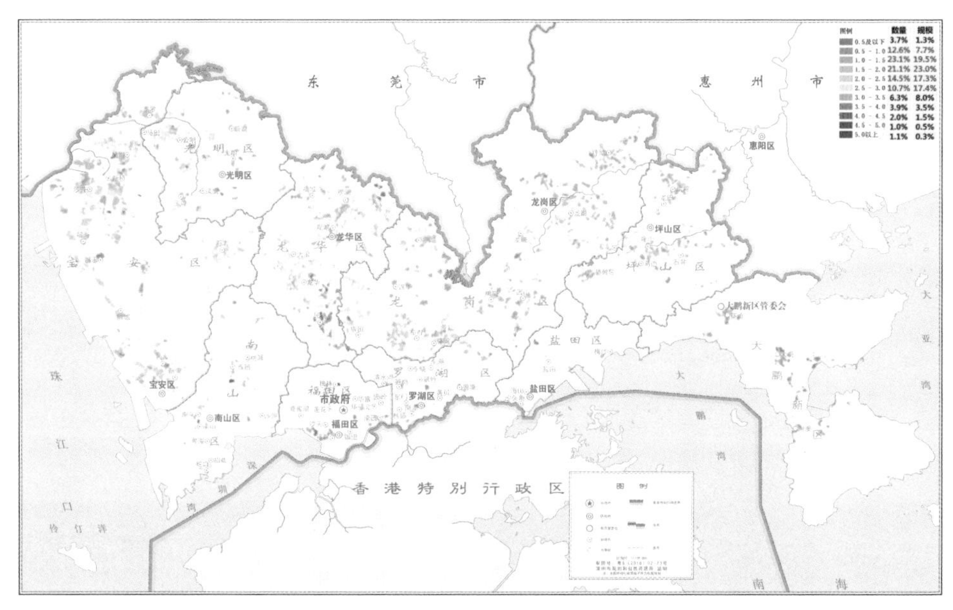

图 4-29　深圳市全样本综合整治类城中村容积率

②案例模型法。在依据全样本分析确定标准基础上，选取多个有局部拆迁需求的代表性城中村，落实其历史文化保护、基本市政设施和公共设施完善要求，形成模拟局部拆建方案，将参数带入，测算局部拆迁方案与经济可行性，最终确定 1.9 为统一的拆建比要求（图 4-30）。

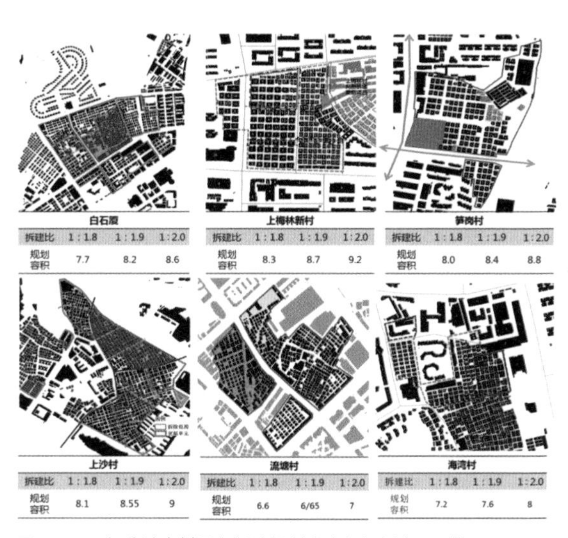

图 4-30　部分试点村局部拆建规划方案与规划容积测算

第5章

技术实施应用与实践案例

- 城市更新分区评价与分区技术应用
- 公共利益保障技术应用
- 外部公共利益保障技术应用
- 有机更新相关技术应用

上述关键技术研究成果，与规划管理结合紧密，取得了良好的应用推广效果，实现了技术向公共政策的有效转化。一是综合评价、分区划定和预警评估技术研究纳入《深圳市城市更新“十三五”规划》《深圳市城市更新和土地整备“十四五”规划》（以下简称《深圳更新整备“十四五”规划》）《深圳市各区更新整备“十四五”规划编制技术指引与各区五年规划技术审查》（以下简称《深圳各区更新整备技术指引与审查》）《深圳市拆除重建类城市更新单元计划管理规定》等三层次城市更新规划管理工作。二是公共利益调节机制研究纳入《深圳市拆除重建类城市更新单元规划容积率审查规定》《外部移交规定》等专项政策，加大了公共利益保障力度。三是综合整治分区划定和模式研究纳入城中村（旧村）综合整治总体规划，并明确提出现状容积率 2.5 以上的城中村禁止拆除重建，有序指导城中村综合整治。四是有机更新相关技术纳入城中村综合整治规划编制技术指引，并促进该技术指引编制。

5.1 城市更新分区评价与分区技术应用

5.1.1 城市更新“十三五”规划编制分区划定

以城市更新综合评价技术与分区划定技术研究和城市更新预警评估技术研究为基础编制的《深圳市城市更新“十三五”规划》，获 2017 年度全国优秀城乡规划设计二等奖、广东省优一等奖和深圳市优一等奖。《深圳市城市更新“十三五”规划》涉及分区划定的具体内容如下。

“十三五”期间，深圳市城市更新分区是以城市更新规划目标为导向，综合考虑片区的物质形态、配套设施、基础支撑能力、生态环境等现状基础条件，以及所处地区的发展定位与规划要求，按城市更新的重要性和控制要求进行划定的地区（图 5-1）。具体划定原则与思路为:

①按照提升民生幸福、加快中心地区发展、保障基础设施、维护公共安全的划定原则，将全市更新对象划定为优先拆除重建区、限制拆除重建区和拆除重建及综合整治并举区三类分区。

②将市政交通基础支撑条件较好、市场主体积极性高、需加强规划统筹与加快更新推进的，位于城市各级中心区、重点产业发展区、交通枢纽与轨道站点周边区域、公共配套设施不足地区等范围内的更新对象，划入优先拆除重建区。

③有严格建设行为控制、需政府采取手段对拆除重建类更新进行管控的，位于基本生态控制线、橙线、紫线、历史建筑和历史风貌区等范围内的更新对象，划入限制拆除重建区。

④上述两类地区以外的更新对象，划入拆除重建及综合整治并举区。

“十三五”期间，全市优先拆除重建区内含用地面积 106km^2，限制拆除重建区含用地面积 33km^2，拆除重建及综合整治并举区含用地面积 185km^2。

分区指引方面。由深圳市更新主管部门牵头，重点强化对优先拆除重建区的政策指引，引导新申报的城市更新项目向该区域进行集中，提高城市更新对全市重点地区、中心城区发展的推动作用。限制拆除重建区应严格落实各类控制线管制要求，在条件允许的情况下考虑实施建设用地清退。拆除重建及综合整治并举区，由各区在城市更新五年规划中自行确定城市更新模式，鼓励符合条件的旧工业区进行升级改造。

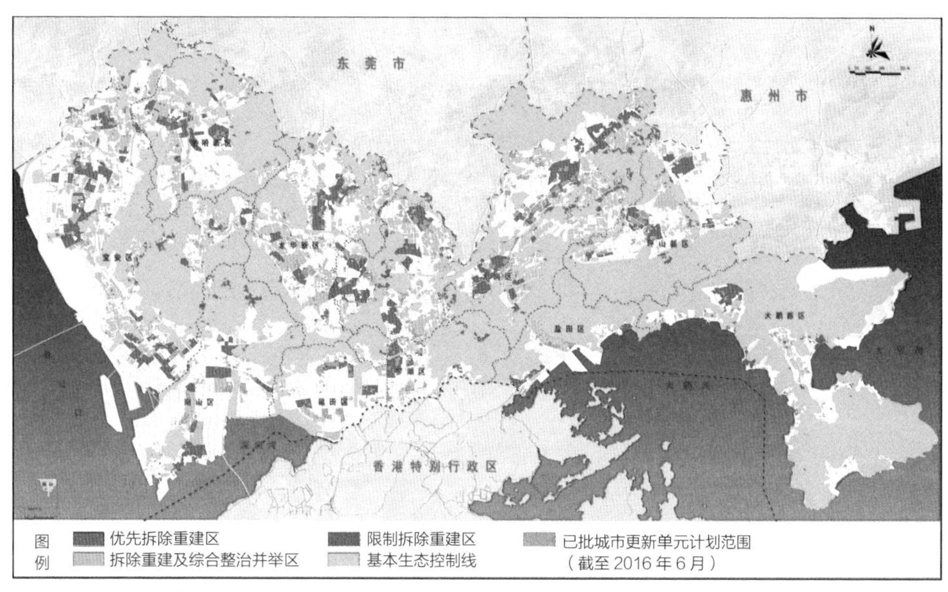

图 5-1　深圳城市更新“十三五”规划分区指引图

要求各区城市更新五年规划划定的拆除重建空间范围不低于 60% 用地比例位于优先拆除重建区内，其余部分原则上在拆除重建与综合整治并举地区布局，不得位于限制拆除重建区。涉及各区划定的拆除重建空间范围边界超出本规划确定分区范围的，其超出部分的用地占全区拆除重建空间范围总量的比例不能大于 10%。

5.1.2 城市更新“十四五”规划编制分区划定

2022 年 2 月《深圳更新整备“十四五”规划》获得深圳市政府批准并对外印发。该五年规划同样运用了分区划定管理技术，将全市城市更新分区划定范围分为限制拆除重建区和允许拆除重建区，具体划定和管理要求如下。

城市更新限制拆除重建区包含以下三种情形：位于城中村综合整治分区和工业区保留提升区范围内的；位于成片旧住宅区范围内的；有严格建设行为控制、需政府采取手段对拆除重建类更新进行管控的，或位于基本生态控制线、橙线、紫线、文物保护范围、历史建筑和历史风貌区等范围内的。位于城市更新限制拆除重建区的用地，原则上不得纳入全市允许拆除重建区及各区拆除重建类空间范围，重点更新单元除外。

城市更新允许拆除重建区是规划拆除范围的引导区，范围内不得进行大规模拆除重建，重点解决完善公共服务设施、消除历史违建、盘活存量低效用地、修复城市生态等问题。按照市区联动、刚性管控、弹性管理的原则划定城市更新允许拆除重建区，允许拆除重建区的划定对象为更新潜力规模较大、集中成片的区域，以区块形式划入，单个区块或与周边已批更新单元计划无缝衔接后连片的用地面积原则上不低于 15hm^2，同时还应满足以下条件之一：位于全市国土空间规划明确的市级中心区、更新整备重点地区，以及市层面确定的重点发展片区；经公共设施供给能力评估为中小学等公共配套设施严重不足且基本满足计划申报条件的地区；区更新职能部门拟作为重点更新单元推进的潜力地区。允许拆除重建区范围用地面积约 103km^2（图 5-2）。

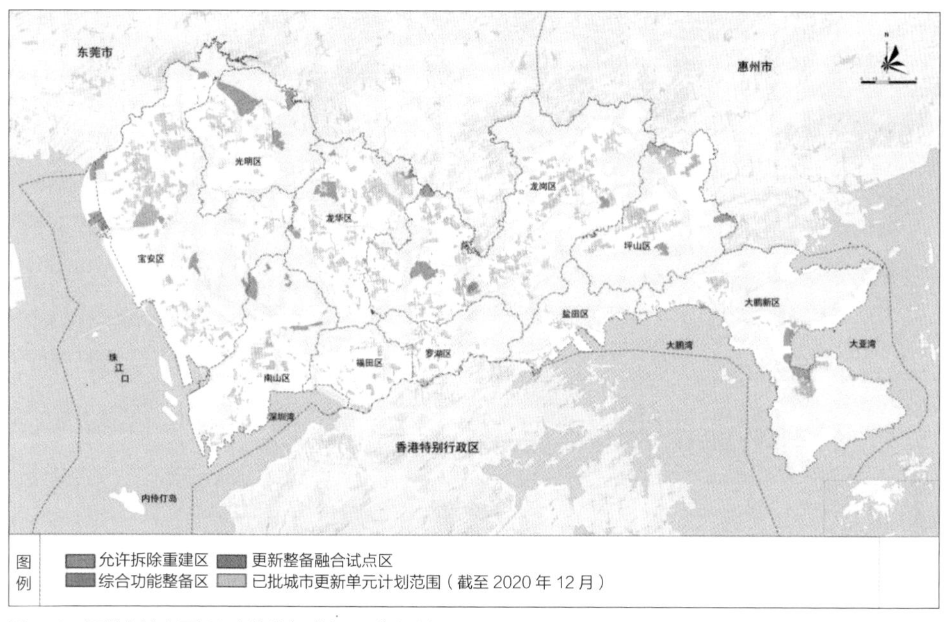

图 5-2　深圳市城市更新和土地整备“十四五”规划分区指引图

5.1.3　城市更新五年规划编制技术指引制定

“城市更新综合评价技术与分区划定研究”直接纳入《深圳市各区更新整备技术指引与审查》，指导了深圳市十个区的城市更新专项规划编制和审查工作。该编制技术指引明确，各区五年规划应以深圳市城市更新和土地整备的分区与规模安排等内容为指引，划定辖区内“十四五”期间可实施的拆除重建类更新空间范围、综合功能整备区范围以及更新整备融合空间范围。

各区拆除重建类更新空间范围划定需要满足以下条件：①拆除重建类更新空间范围的划定规模为《深圳更新整备“十四五”规划》确定的区级拆除重建空间范围规模；②拆除重建类更新空间范围应有不少于 70% 位于《深圳更新整备“十四五”规划》划定的允许拆除重建区内，罗湖区可视情况适当降低；③拆除重建类更新空间范围原则上单个区块面积不宜低于 5hm^2。

各区综合功能整备区范围划定需要满足以下条件：①实施面积原则上为《深圳更新整备“十四五”规划》确定的综合功能整备指标任务；②具体空间范围，原则上应落实《深圳更新整备“十四五”规划》确定的综合功能整备区范围，具体范围可结合综合功能整备区专项工作方案作适当优化。

各区更新整备融合空间范围划定需落实《深圳更新整备“十四五”规划》确定的更新整备融合试点区范围。

5.2 公共利益保障技术应用

自《办法》和《实施细则》关于移交土地“不小于拆除范围的 15% 且大于 3000m^2”的规定实施以来，深圳市公共利益用地供给得到了较大规模的保障。自内部容积率奖励机制建立以来，实际移交公共设施比例由 15% 提高到 35.1%，2016—2019 年三年间，通过城市更新规划批准的独立占地配套设施用地 3.5km^2，规划了 51 所中小学、103 所幼儿园、118 个公交场站等设施，预计可提供 6.1 万个义务教育阶段学位。外部移交公共设施政策出台，已完成 6 宗重大公共服务设施项目用地保障工作。

5.2.1 内部公共利益保障技术应用案例

龙华区观湖街道松元厦大布头片区城市更新单元规划案例

该项目北临观平路，东南侧为环观中路，周边有轨道 4 号线和轨道 22 号线（规划）、有轨电车 1 号线。2015 年 7 月 14 日，项目列入《2015 年深圳市城市更新单元计划第二批计划》，拟拆除重建用地面积 169975m^2，拟更新方向为居住、商业等功能，拟拆除用地范围内应依据法定图则落实不小于 18 个班的小学用地一处和不小于 20440m^2 的公园绿地（图 5-3）。

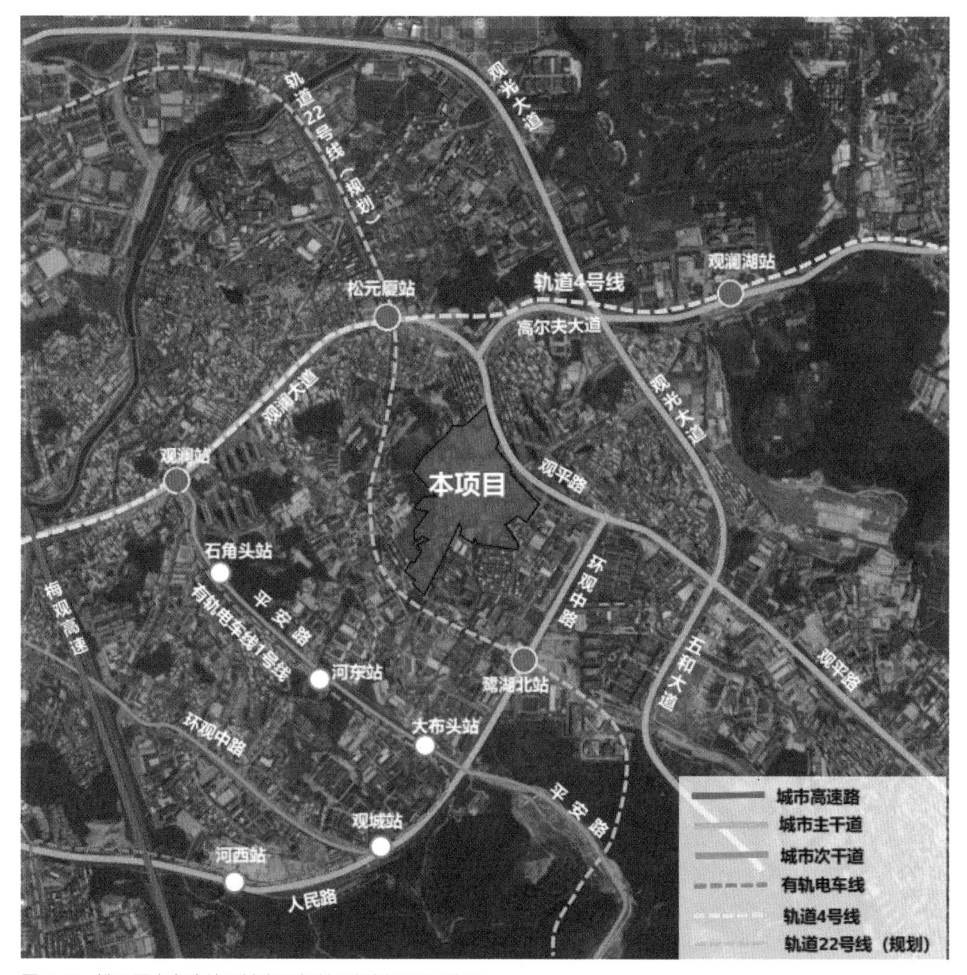

图 5-3　松元厦大布头片区城市更新单元规划项目区位图

现状用地性质以居住用地、工业用地为主，另有部分商业及道路用地（图 5-4）。

规划用地中开发建设用地包括居住用地、商业用地，共占比 53.7%，公共利益用地包括绿地、水域、教育设施用地、供应设施用地、道路及其他用地，共占比 46.3%，其中教育设施用地占比 14%（图 5-5）。

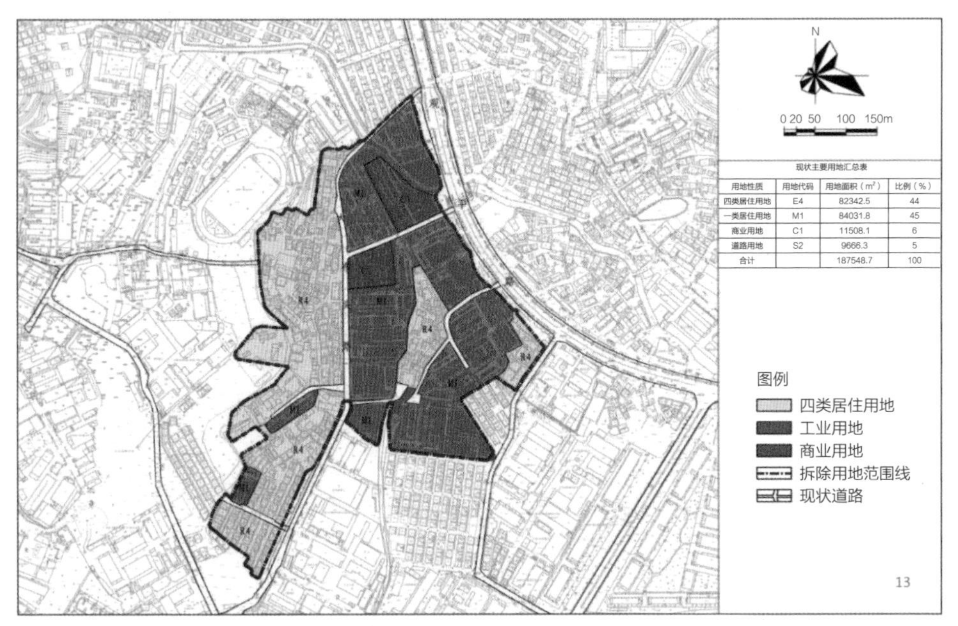

现状主要用地汇总表

用地性质	用地代码	用地面积（m²）	比例（%）
四类居住用地	E4	82342.5	44
一类居住用地	M1	84031.8	45
商业用地	C1	11508.1	6
道路用地	S2	9666.3	5
合计		187548.7	100

图 5-4　松元厦大布头片区城市更新单元规划项目现状用地图

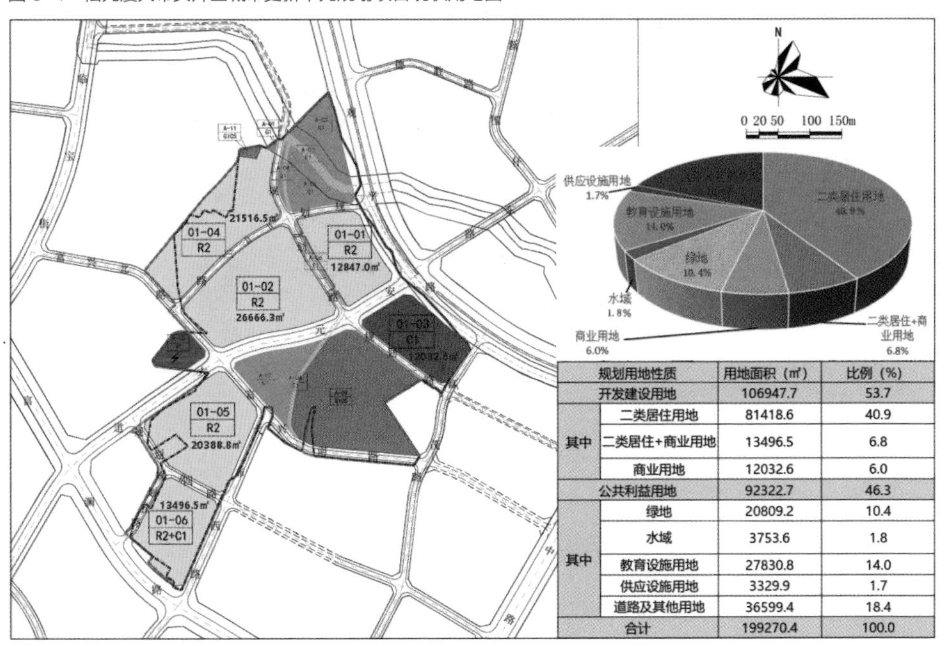

规划用地性质		用地面积（㎡）	比例（%）
开发建设用地		106947.7	53.7
其中	二类居住用地	81418.6	40.9
	二类居住+商业用地	13496.5	6.8
	商业用地	12032.6	6.0
公共利益用地		92322.7	46.3
其中	绿地	20809.2	10.4
	水域	3753.6	1.8
	教育设施用地	27830.8	14.0
	供应设施用地	3329.9	1.7
	道路及其他用地	36599.4	18.4
合计		199270.4	100.0

图 5-5　松元厦大布头片区城市更新单元规划项目用地布局规划

项目		数量	
更新单元用地面积（m²）		199270.4	
拆除范围外更新单元范围内用地面积（m²）		11731.3	
拆除范围用地面积（m²）		187539.1	
开发建设用地面积（m²）		106947.7	
更新单元范围内移交的公共利益用地面积（m²）		92322.7	
其中	教育设施用地	27830.6	腾挪用地 6558.2
			计入移交用地 21272.4
	供应设施用地	3329.9	腾挪用地 3329.9
	公园绿地 + 水域	24562.8	腾挪用地 798.8
			计入移交用地 23764.0
	道路及其他用地	36599.4	腾挪与征转用地 1044.4
			计入移交用地 35555.0
拆除范围内土地移交用地面积（m²）		80591.4	
土地移交率（%）		43	

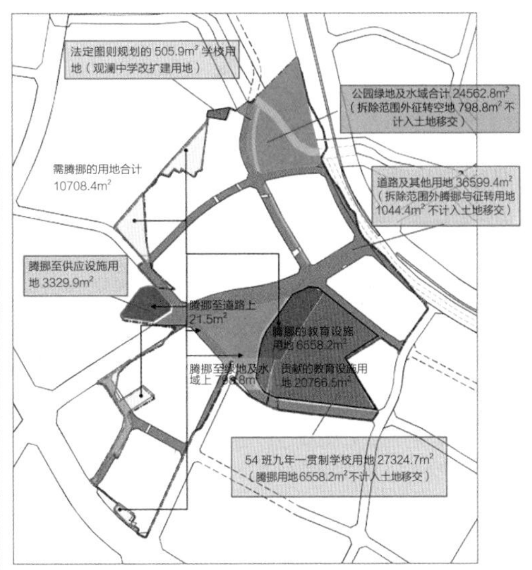

图 5-6　松元厦大布头片区城市更新单元规划项目土地移交情况图

此次规划中开发建设用地面积合计 106947.7m²，拆除范围内土地移交用地面积为 80591.5m²，土地移交率为 43%，单元土地移交率为 46.3%。

其中教育设施用地计入移交用地 21272.4m²，占拆除范围内土地移交面积的 26.4%，包括法定图则规划的 505.9m² 学校用地（观澜中学改扩建用地）和 54 班九年一贯制学校用地 27324.7m²（腾挪用地 6558.2m² 不计入土地移交）（图 5-6）。

5.2.2　保障性住房配建应用案例

自保障性住房配建制度实施以来，深圳市保障性住房规模大幅增加。保障性住房配建研究成果转化为《深圳市城市更新项目保障性住房配建规定》（深规土〔2016〕11 号），截至 2019 年底，按政策配建的城市更新项目规划保障性住房面积 581 万 m²，额外新增 46.5 万 m²。

（1）罗湖区东湖街道布心花园一、二、四区城市更新单元规划案例

该项目位于布心花园，地处罗湖东湖街道，东依丹平快速路、深圳水库，南邻布心路，西接东晓路，北至太白路（图 5-7）。

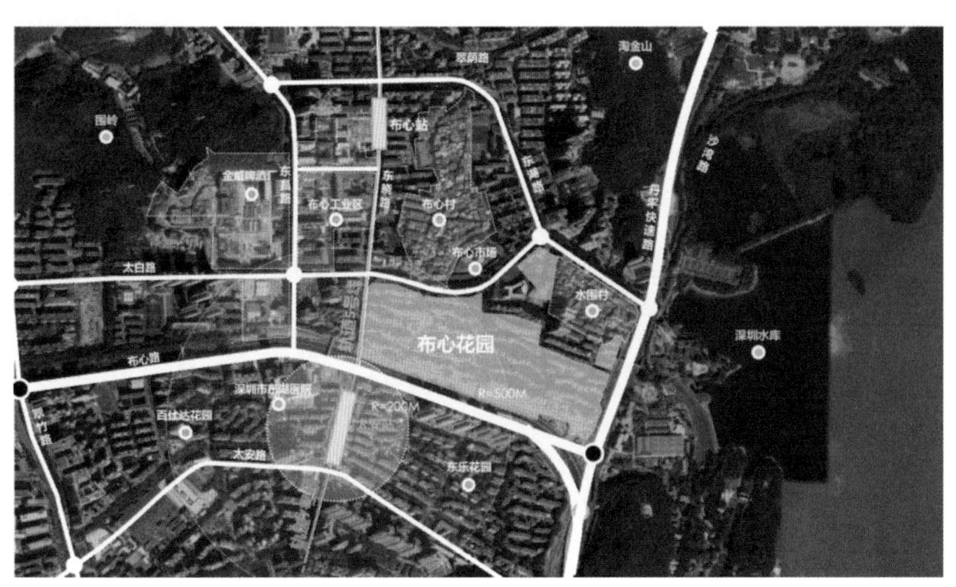

图 5-7　布心花园一、二、四区城市更新单元区位图

更新单元于 2020 年 3 月列入 2020 年罗湖区城市更新单元计划第二批计划。更新计划内容包括拆除用地面积 168392m²；更新方向为居住、商业等功能；拟拆除重建范围提供用于城市基础设施、公共服务设施、城市公共利益项目等用地面积须不少于 42335m²，其中教育设施用地（九年一贯制学校）不少于 18487m²（图 5-8）。

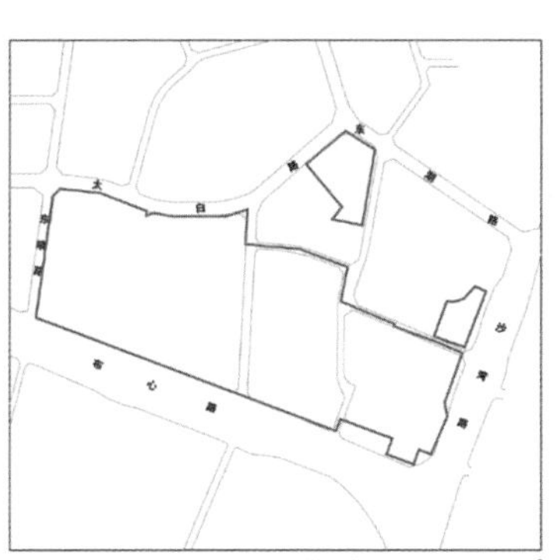

图 5-8　布心花园一、二、四区城市更新单元拟拆除范围示意图

更新单元现状土地功能以二类居住用地为主，公园绿地、交通场站用地、城市道路用地为辅（图 5-9）。

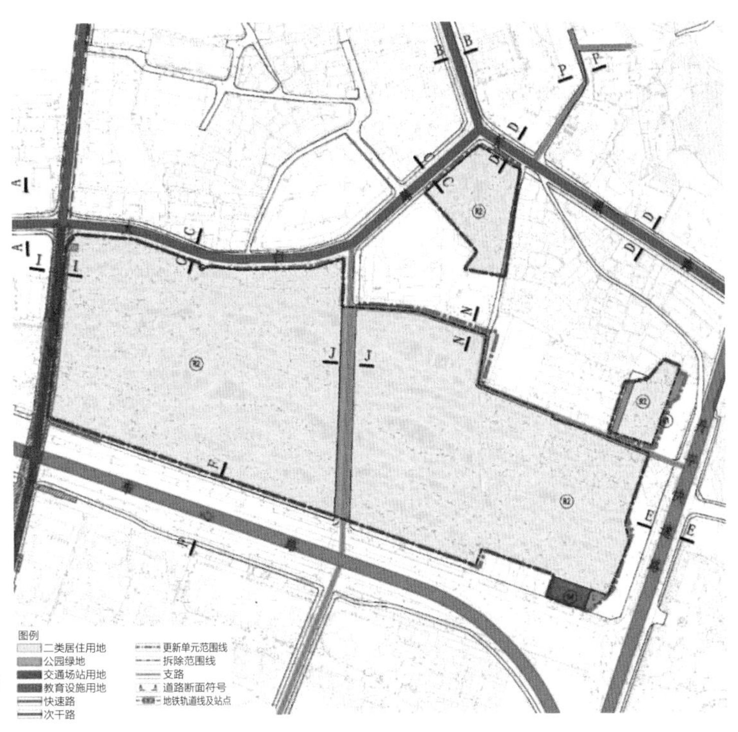

图 5-9　布心花园一、二、四区城市更新单元现状用地图

规划住宅面积 701280m^2，其中人才住房和保障性住房 152950m^2，占比 21.8%。

①在 01-02 地块配建建筑面积 45100 m^2 的人才住房和保障性住房。

②在 01-04 地块配建建筑面积 89530 m^2 的人才住房和保障性住房。

③在 01-06 地块配建建筑面积 18320 m^2 的人才住房和保障性住房。

01-02、01-04、01-06 地块配建人才住房和保障性住房 152950m^2，由实施主体在项目实施过程中一并建设，建成后由政府回购，产权归政府所有，回购价格及程序等按照深圳市有关政策执行。通过该项目的改造，可为片区提供完善的居住配套和保障性住房，助力片区产城融合与职住平衡，缓解深圳市保障性住房紧缺的压力（图 5-10、表 5-1）。

图 5-10　布心花园一、二、四区城市更新单元规划用地图

布心花园一、二、四区城市更新单元规划含保障性住房地块开发建设用地经济技术指标一览表　表 5-1

地块编号		01-02	01-04	01-06
性质代码		C1+R2	R2	R2
用地面积		11690.6m²	15088.8m²	15180.7m²
规划容积率		7.7	6.5	5.8
规划容积		90240m²	97830m²	88470m²
其中	住宅	45100m²（均为人才住房和保障性住房）	89530m²（均为人才住房和保障性住房）	88470m²（含人才住房和保障性住房 18320m²）
	商业、办公及旅馆业建筑	40140m²	1000m²	—
	地下商业	5000m²	—	—
	公共配套	—	7300m²	—
公共配套设施内容		—	18 班幼儿园 6300m²，占地面积 5400m²；社区健康服务中心 1000m²	—

（2）坪山新区坪山街道江边片区城市更新单元规划案例

项目位于规划东城环路（现状比亚迪大道）以北，现状江岭路以西，规划远香路（现状江边新村一巷）以南，规划马峦北路以东，为东城环路，江岭路，远香路及马峦北路围合的区域。该项目拆除用地面积为 188195.4m²，开发建设用地面积为 119395.m²。本项目开发建设用地主要包括 01-01、01-02、02-01、02-02、02-03、03-02、03-03 共 7 个地块（图 5-11、图 5-12）。

该项目容积率建筑面积为 530000m²，其中住宅建筑面积为 428370m²，含保障性住房 28450m²，保障性住房占比 6.64%。项目开发建设主体负责建设 28450m² 保障性住房并移交给政府。

在 01-01 地块配建建筑面积 28450m² 的人才住房和保障性住房。地块开发建设用地经济技术指标见表 5-2。

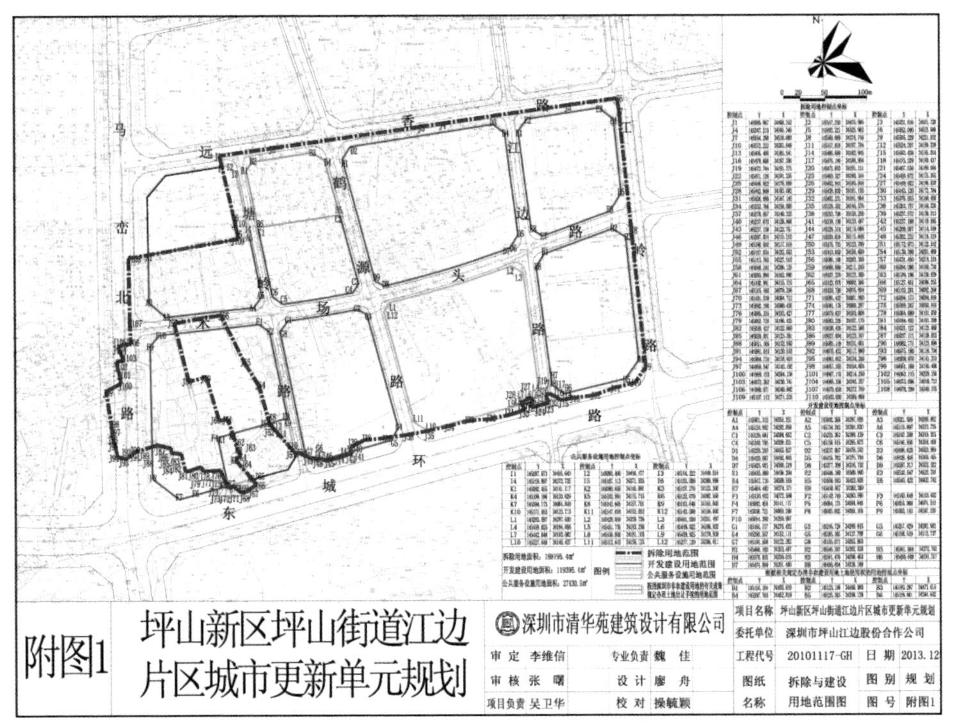

图 5-11　江边片区城市更新单元规划拆除与开发建设用地图

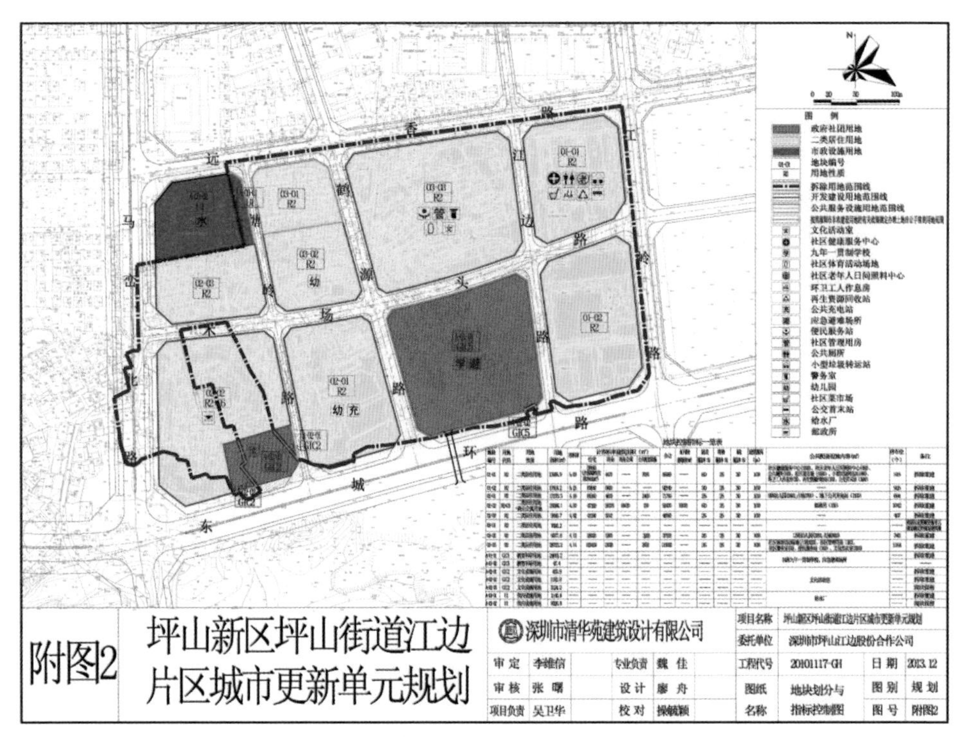

图 5-12　江边片区城市更新单元规划地块划分与指标控制图

江边片区城市更新单元规划 01-01 地块开发建设用地经济技术指标一览表　　表 5-2

地块编号		01-01
性质代码		R2
用地性质		二类居住用地
用地面积		13906.9m^2
规划容积率		5.03
规划容积		69960m^2
其中	居住	58440m^2（含保障性住房 28450m^2）
	商业	4470m^2
	商务公寓	—
	公共配套设施	7050m^2
地下商业建筑面积		—
裙房覆盖率		60%
塔楼覆盖率		25%

续表

绿化覆盖率	30%
建筑限高	100m
公共配套设施内容	社区健康服务中心（1000m^2）、社区老年人日间照料中心（450m^2）、公共厕所（100m^2）、社区菜市场（1000m^2）、小型垃圾转运站（480m^2）、环卫工人作息房（20m^2）、再生资源回收站（100m^2）、公交首末站（3900m^2）
停车位	516 个
备注	拆除重建

分期实施计划中，一期完成落实 01-01 及 01-02 地块内公共配套设施的建设，建设保障性住房 28450m^2（图 5-13）。

图 5-13　江边片区城市更新单元一期实施规划图

5.2.3 创新型产业用房配建应用案例

城市更新配建创新型产业用房已成为全市创新型产业用房筹集的重要方式之一。截至2020年底，已在深圳市产业用房供需服务平台登记、面向企业申请的创新型产业用房共189个项目，总建筑规模为900.7万m^2。其中通过城市更新配建创新型产业用房建筑规模占比为10%。

截至2020年底，已批更新单元规划中，研发用房总建筑面积1940万m^2，其中配建创新型产业用房的项目数量为142个，配建总建筑面积180万m^2。配建比例方面，在2016年《深圳市城市更新项目创新型产业用房配建规定》（以下简称《配建规定》）出台前，平均配建比例为7.7%，出台后平均配建比例为15.3%。

（1）宝安区新桥街道新桥东片区重点城市更新单元规划案例

该项目位于宝安区新桥街道，属于“深圳市宝安202-12沙井长流陂水库西地区法定图则”范围。具体由庄村路、甘霖路、广深高速、上南东路、生态控制线围合而成，拆除用地面积为1340662.8 m^2。其中，新桥东片区重点城市更新单元拆除用地面积1272815.4 m^2，康大工业基地城市更新单元规划拆除用地面积67847.4 m^2（图5-14）。

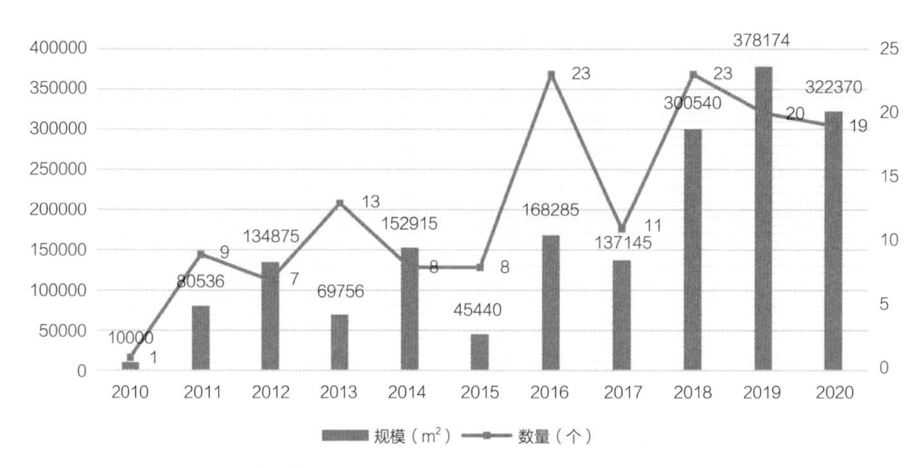

图5-14 2010—2020年已批更新单元规划中涉及创新型产业用房项目数量及建筑规模

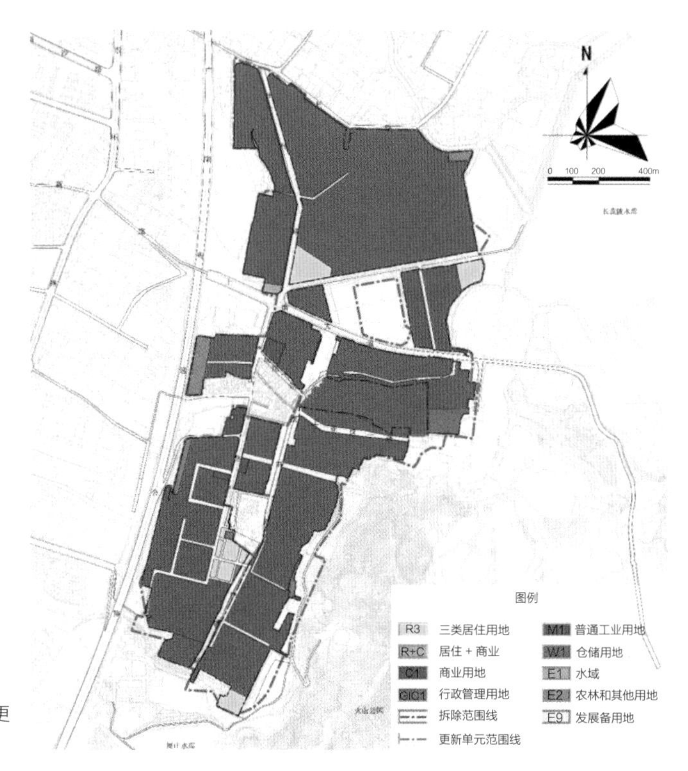

图 5-15　新桥东片区重点城市更新单元土地利用现状图

创新型产业用房配建比例：根据《配建规定》，拆除重建类城市更新项目升级改造为新型产业用地功能的，创新型产业用房的配建比例为 12%，配建比例指提供的创新型产业用房的建筑面积占项目研发用房总建筑面积的比例。建成后由政府回购的，产权归政府所有，免缴地价。回购方式、价格、使用和租售按照《深圳市创新型产业用房管理办法》的规定执行（图 5-15）。

新桥东片区重点城市更新单元拆除范围内配建创新型产业用房具体如下：

在 05-05 地块配建建筑面积 55160 m^2 的创新型产业用房，其产权按政府相关规定移交和管理。在 05-07 地块配建建筑面积 51314 m^2 的创新型产业用房，其产权按政府相关规定移交和管理。在 11-02 地块配建建筑面积 20545 m^2 的创新型产业用房，其产权按政府相关规定移交和管理。

新桥东片区重点城市更新单元创新型产业用房分期实施计划具体如下（图 5-16、图 5-17）：

一期拆除范围用地面积 458670.8m^2，占新桥东片区重点城市更新单元拆除范围用地面积的 36%，首期包含创新型产业用房 20545m^2。

二期拆除范围用地面积 457798.6m^2，占新桥东片区重点城市更新单元总拆除范围用地面积的 36%，二期完成创新型产业用房 51314m^2。

三期拆除范围用地面积 356346.0m^2，占新桥东片区重点城市更新单元总拆除范围用地面积的 28%，三期完成创新型产业用房 55160m^2。

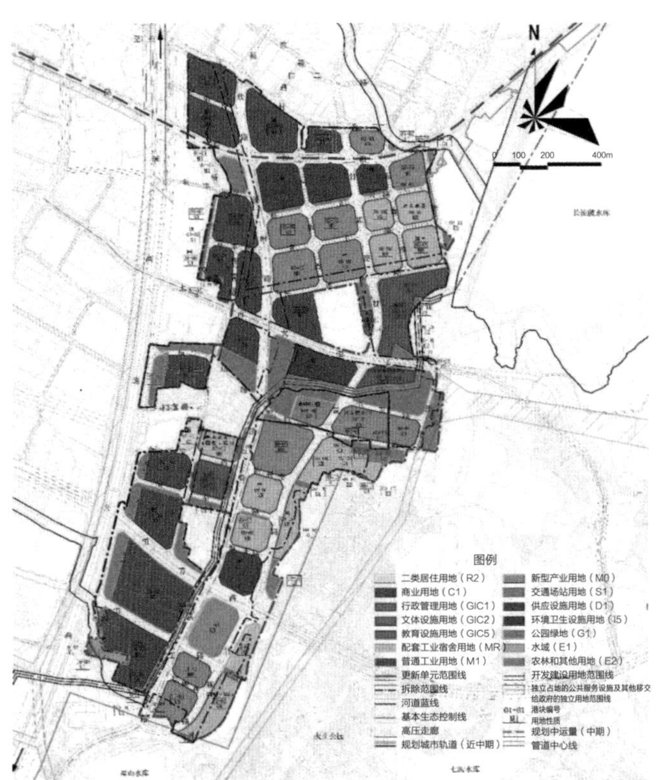

图 5-16　新桥东片区重点城市更新单元土地利用规划图

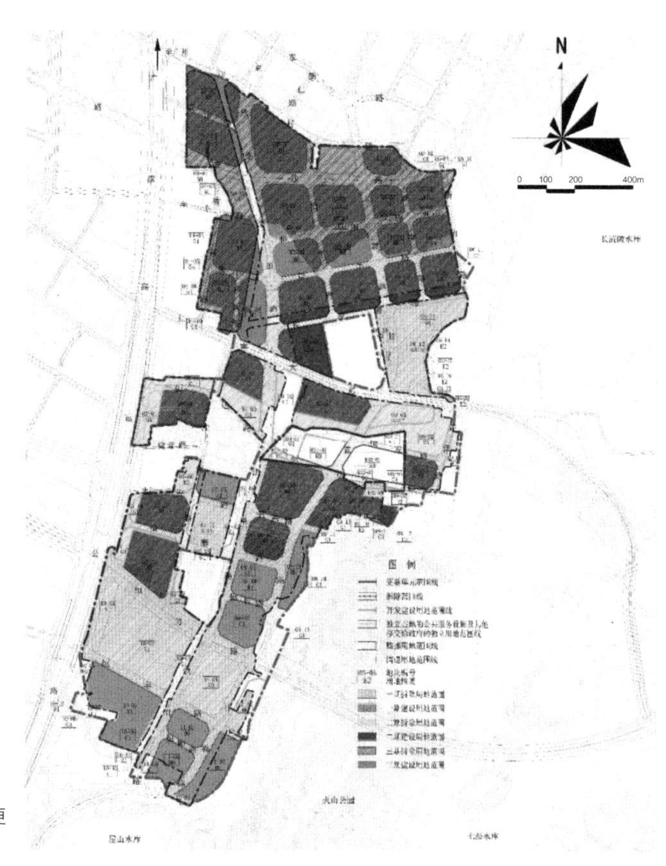

图 5-17 新桥东片区重点城市更新单元分期规划实施图

(2)龙华区龙华街道清湖硅谷动力工业园城市更新单元规划

该项目位于清湖立交西南侧，北侧为机荷高速，东侧为梅观高速，西侧为龙华大道和大和路。2018 年 10 月，该项目经区政府批准列入了《2018 年深圳市城市更新单元计划龙华区第五批计划》。拆除范围用地面积 107803m^2，拆除范围用地面积 107803m^2。现状用地主要为普通工业用地(图 5-18、图 5-19)。

根据《配建规定》，拆除重建类城市更新项目升级改造为新型产业用地功能的，创新型产业用房的配建比例为 12%，配建比例指提供的创新型产业用房的建筑面积占项目

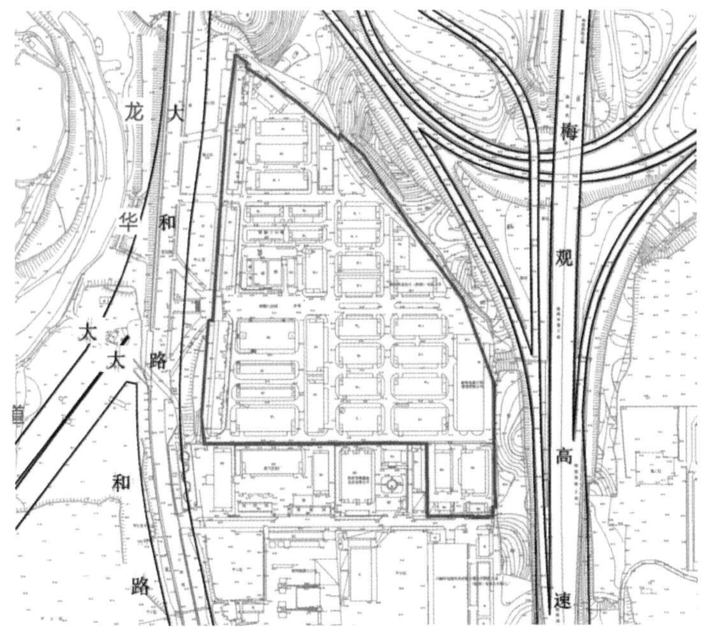

图 5-18　硅谷动力工业园城市更新单元拟拆除重建范围示意图

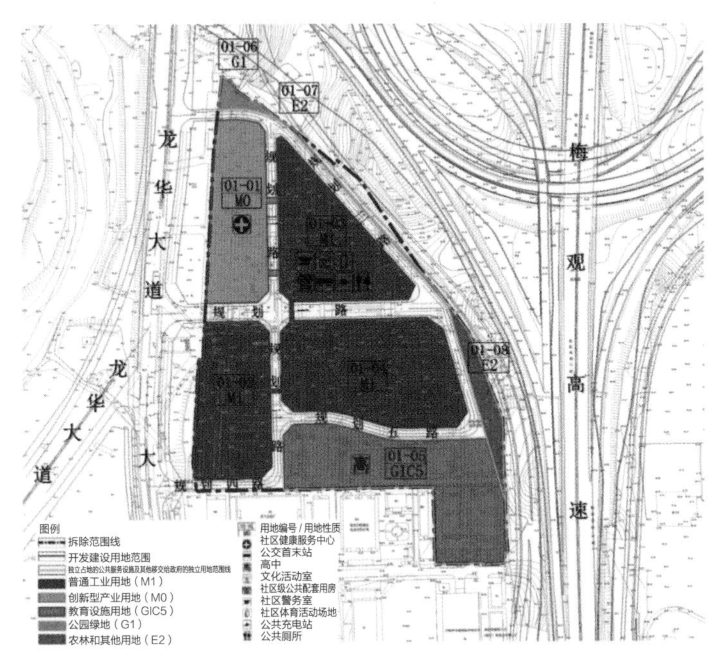

图 5-19　硅谷动力工业园城市更新单元土地利用规划图

研发用房总建筑面积的比例。该项目产业研发用房共 66440m^2，其中含创新型产业用房 7980m^2，占比 12%。

该项目在 01-01 地块配建建筑面积 7980m^2 的创新型产业用房，其产权按政府相关规定移交和管理（表 5-3）。

硅谷动力工业园城市更新单元规划 01-01 地块开发建设用地经济技术指标一览表 表 5-3

地块编号			01-01
性质代码			M0
用地性质			新型产业用地
用地面积（m^2）			12286.2
规划容积率			7.7
规划容积（m^2）			94910
其中	厂房（m^2）		—
	产业研发用房（m^2）		66440（含创新型产业用房 7980）
	产业配套用房（m^2）		27270
	其中	配套商业（m^2）	9560
		宿舍（m^2）	17710
	公共配套设施（m^2）		1200
公共配套设施内容（m^2）			社区健康服务中心 1200
裙房建筑覆盖率（%）			50
塔楼建筑覆盖率（%）			25
绿化覆盖率（%）			30
透水率（%）			10
年径流总量控制率（%）			58.1
建筑限高（m）			160
停车位（个）			814
备注			拆除重建

另外，各区关于创新型产业用房配建方面也略有差距，并制定辖区自身的管理办法。譬如，《南山区创新型产业用房管理办法》（2021 年）明确允许入驻企业类型为：上市企业、南山区总部企业，国家级工业设计中心企业，金融企业总部、金融企业一级分支机构，南山区文化产业重点服务 50 强企业。《宝安区创新型产业用房管理暂行办法》（2020 年）明确允许入驻企业类型为：租赁办公用房或研发用房的，成熟类企业租赁面积不超过 5000m^2，成长类企业租赁面积不超过 2000m^2，初创类企业租赁面积不超过 1000m^2；租赁生产厂房的，成熟类企业租赁面积不超过 10000m^2，成长类企业租赁面积不超过 5000m^2，初创类企业租赁面积不超过 2000m^2。《光明区创新型产业用房管理暂行办法》（2020 年）明确允许入驻企业类型：优质企业类型，从企业产值、纳税额等方面作出限定（例如上年度产值或承诺入驻后 1 年内产值达 5000 万元的企业可配置面积不超过 1000m^2；具有 5A 资质的社会组织可配置面积不超过 400m^2）；重大科研平台（机构）类型（例如国家级、省级、市级分别可配置面积应分别不超过 1500m^2、1000m^2、800m^2）。

5.3 外部公共利益保障技术应用

5.3.1 外部移交用地案例概况

本小节案例城市更新项目和外部移交用地均位于宝安区辖区内（图 5-20）。城市更新项目名称为宝安区松岗街道松岗第二工业区城市更新单元，现状为破旧厂房和宿舍，建筑老旧、建筑质量差，土地利用率低。根据法定图则，项目更新方向为居住和商业（图 5-21）。该项目拟申报拆除用地范围 61386m^2，其中，可计入合法用地的仅有 18480m^2，占比仅为 30.8%，达不到规定的一般更新单元应有的 60% 合法比例用地要求，无法直接列入城市更新单元计划中。

图 5-20　松岗第二工业区城市更新单元与外部移交用地范围示意图
资料来源：《宝安区松岗街道松岗第二工业区城市更新单元外部移交公共设施用地申请材料》

图 5-21　松岗第二工业区城市更新单元与外部移交用地涉及的法定图则规划示意图
资料来源：《宝安区松岗街道松岗第二工业区城市更新单元外部移交公共设施用地申请材料》

外部移交用地距城市更新单元约 1km，占地面积 26327m^2，其中 24262m^2 为合法用地，2065m^2 为未完善征转手续用地（表 5-4）。现状主要为工业厂房和宿舍，周边公共设施匮乏。在法定图则中，该外部移交用地规划为医疗卫生用地（GIC4），将建成一座 200 床的综合医院，以提升片区的医疗水平，但一直未能通过土地整备或是城市更新手段推进设施落地。

更新项目和外部移交用地指标　　表 5-4

地块	总用地面积（m^2）	合法用地面积（m^2）	未完善征转手续的用地面积（m^2）	合法用地比例（%）
外部移交用地	26327	24262	2065	91.2
城市更新项目	61386	18480	42906	30.1

资料来源：《宝安区松岗街道松岗第二工业区城市更新单元外部移交公共设施用地申请材料》

5.3.2 外部移交案例具体应用实践

在本案例中，根据《外部移交规定》，将由松岗第二工业区城市更新单元项目的实施主体厘清外部移交用地经济关系，完成建筑拆除，并无偿移交政府开展医院建设；与此同时，外部移交用地的合法用地指标可以转移给更新单元，从而帮助市场主体跨越计划立项门槛，加上容积率转移带来的建筑面积补偿，可以有效激发城市更新的市场动力，保障城市更新工作的有序推进。

5.3.2.1 合法用地指标转移

根据《外部移交规定》，外部移交用地的 24262m^2 合法用地指标可全部转移给城市更新单元，2065m^2 未完善征转手续的用地可按 0.55 的系数转移给城市更新单元，最终可计入城市更新单元的合法用地指标为 25398m^2。加上更新单元原有的 18480m^2 合法用地，使得该更新单元的合法用地比例达到了 71.2%，从而满足了更新项目合法用地占比不小于 60% 的立项要求。具体计算过程如下：

$$\varphi_{\text{松岗第二工业区}}=\frac{24262+2065\times0.55+18480}{61386}\times100\%=71.2\%$$

5.3.2.2 容积率转移

该外部移交用地范围位于密度二区，且均为现状建成区，根据《外部移交规定》，转移系数取 1.8。现状容积率为 1.1，低于转移系数，故可直接按照公式 3“$S_{\text{直接转移容积}}=S_{\text{现状建设用地}}\times N$”计算直接转移容积，即该外部移交用地可直接转移建筑面积为 $26327\times1.8=47388.6m^2$。该部分建筑面积可以转移至松岗第二工业区城市更新单元，并优先安排为居住功能。目前，该更新项目正在依深圳市城市更新相关要求进行报批。

5.3.3 外部移交用地管理政策预期效果

《外部移交规定》大胆探索了公共利益导向的城市更新外部移交用地方案，创新性地将容积率转移和合法用地比例转移纳入开发权转移的范畴内，探索了开发权转移的双重利益平衡机制。一方面充分发挥了市场优势，由更新项目实施主体厘清外部移交用地经济关系，完成建筑拆除，并无偿移交政府开展公共设施建设，优化和完善城市已建设区域的公共设施；另一方面给予承担移交责任的更新项目部分合法用地比例及适当的建筑面积补偿，激发城市更新的市场动力，保障城市更新工作的有序推进，实现双赢。

借助市场手段，实现公共利益项目用地供给。《外部移交规定》充分发挥了市场在土地资源配置方面的动力，借助市场力量协调解决搬迁补偿安置方案，解决了规划为配套设施但现状为建成区的难以通过土地整备实施的难题。初步评估，“十四五”期间，每年在城市更新计划阶段可在现有基础上新增 5 ~ $10hm^2$ 的公共利益用地供给；在城市更新用地出让阶段，预计每年可在现有基础上增加约一倍的公共利益用地供应。

创新空间手段，破解合法用地比例不足困境。《外部移交规定》以“飞地”形式与更新项目捆绑实施，充分发挥了市场的动力及灵活性，并在一定程度上能破解当前拟申请更新改造的片区合法用地比例不足的困境，扩大了更新的空间统筹范围，保障了更新工作的可持续发展，加大了更新对于公共利益的实施力度。

量化补偿标准，稳步推动历史遗留问题解决。对于促进公共利益用地移交的更新项目，重点在于解决更新项目合法用地比例不足的问题，同时考虑更新项目的经济可行性，给予适量的建筑面积以满足基本的拆迁补偿。经初步测算，外部移交用地的实施仅会为更新项目带来 5% ~ 10% 的建筑规模增量，不会导致容积率大规模的提升。在城市空间承载能力富裕的前提下，通过以“量”换“地”、减“量”换“地”，在实现规划公共利益项目的同时，一定程度上解决了土地历史遗留问题。

打通政策边界，实现更新与整备的有机衔接。对于公共利益用地，《外部移交规定》基本实现了城市更新与土地整备两种存量开发方式的均等补偿，保障了这两种存量用地开发方式对于公共利益用地的供给，把选择权交由权利主体，促进实施。

5.4 有机更新相关技术应用

2019 年 10 月，经深圳市政府同意，以城中村综合整治研究成果为主体形成的《关于推进城中村历史文化保护和特色风貌塑造综合整治试点的工作方案》（以下简称《工作方案》）对外印发。此文件出台之后，深圳市在城中村综合整治分区内选择 7 个城中村作为试点，以智能生态示范、文化遗产活化、古墟魅力重焕、客家文化传承、渔村风貌塑造为重点，以市区联动为抓手，以政策工具为支撑，丰富城中村综合整治内涵，创新工作思路和模式，加大政策支持力度，高效有力地推进城中村综合整治试点工作（图 5-22）。

依据《工作方案》和《关于结合城中村综合整治试点项目推进历史文化保护和特色风貌塑造工作的通知》，涉及局部拆建方式实施的试点项目应由各区城市更新和土地整备机构组织编制综合整治规划。规划草案经区政府审查通过后报市规划和自然资源局审议，审议通过后报市政府审定。

图 5-22　7 个城中村综合整治试点案例示意图

试点项目综合整治规划审定后，视为已列入综合整治计划，可按照规划确定的内容补充完善标图建库工作。涉及局部拆建的，建设用地相关用地审批及后续报建程序按照该通知和拆除重建类城市更新有关规定实施；其他不涉及局部拆建的，应在符合消防安全及结构安全的前提下，由各区政府优化办理流程，提高行政效率，以简化方式办理后续相关手续，具体实施细则由各区政府自行制定。局部拆建涉及的拆除用地面积之和（含零星纳入的空地）原则上不超过试点项目综合整治总用地面积的 30%。局部拆建涉及的拆除用地无须进行城中村综合整治分区的用地占补平衡，无合法用地比例、建筑物年限、移交政府用地面积等方面的限制要求。

试点项目需按照已批法定图则、各类专项规划，结合相关技术标准、规范，完善城市基础设施、公共服务设施。难以满足规划要求独立占地，以及日照、退线、建筑间距、消防通道等难以达到相关技术标准或规范的，应经科学研究论证提出改善落实方案。试点项目中规划为独立占地的城市基础设施、公共服务设施用地，由实施单位厘清经济关系，并完善用地手续后，将产权无偿移交政府。

以局部拆建方式在试点项目规定范围内进行回迁安置的，规划容积应综合考虑规划合理性、回迁安置可实施性、公共服务设施以及交通市政设施承载能力等因素研究核定，原则上净拆建比不超过 1:1.9。其开发建设用地无须配建人才住房和保障性住房（图 5-23）。

截至 2022 年底，深圳市 7 个试点项目均已开展规划编制，清平古墟规划成果编制并报市政府审定，梧桐 AI 生态小镇、南头古城、观澜古墟、大鹏所城和南澳墟镇等规划进展较慢，尚未形成完整研究报告，处于前期研究和区政府审查阶段（表 5-5）。

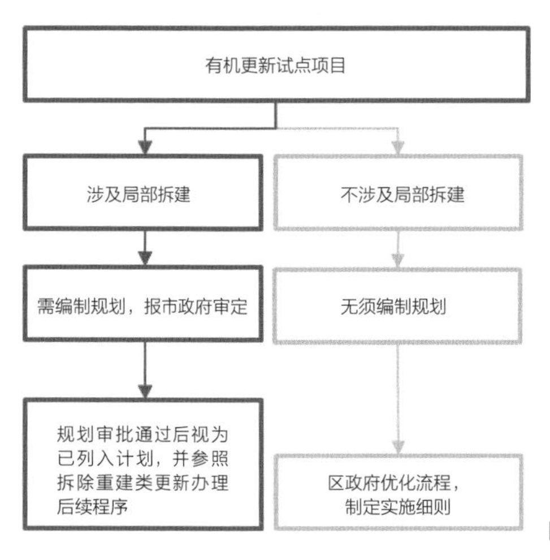

图 5-23　有机更新试点项目审批流程示意图

7 个试点项目进展情况汇总　　表 5-5

项目名称	编制进度	规划编制单位	规划成果形式和构成
清平古墟	成果报批	深圳市宝安区新桥街道办事处 深圳市区更新整备局 深圳市城市规划设计研究院有限公司	成果形式：研究报告 + 专项研究 + 技术图纸 成果内容：规划背景、现状概况、规划依据、土地和建筑物信息核查、综合整治范围、综合整治定位和目标、功能控制、城市设计导则、城市设计专项研究、历史文化保护与利用专项研究、公共配套设施专项研究、交通综合改善专项研究、市政工程改善专项研究、实施方案、附件、技术图纸

续表

项目名称	编制进度	规划编制单位	规划成果形式和构成
梧桐AI生态小镇	初步成果	罗湖投资控股有限公司 深圳市城市规划设计研究院有限公司	成果形式：汇报 成果内容：现状分析、工作方案、产业引入、交通改善、公共服务和基础设施、海绵城市、实施方案
南头古城	—	万科集团	成果形式：汇报 成果内容：历史文化专篇、总体规划、实施分期设计、建筑风貌专项
观澜古墟	初步成果	龙华区城市更新和土地整备局 深圳市城市规划设计研究院有限公司 深圳复杂体建筑设计咨询有限公司	成果形式：汇报 成果内容：历史脉络分析、现状分析、规划结构、节点改造、实施计划
大鹏所城	初步成果	大鹏新区城市更新和土地整备局 深圳市新城市规划建筑设计有限公司	成果形式：汇报 成果内容：项目背景、片区基本情况、改造范围划定、实施路径研究
南澳墟镇	初步成果	大鹏新区城市更新和土地整备局 深圳市城市规划设计研究院有限公司	成果形式：汇报 成果内容：基本概况、总体规划方案、实施方案
甘坑客家小镇	征求意见	深圳市龙岗区吉华街道办事处 深圳市华侨城文创投资有限公司 深圳市新城市规划建筑设计有限公司	成果形式：规划文本 + 图则；研究报告 + 专项研究 + 技术图纸 成果内容：前言、现状概况、规划依据、土地和建筑物信息核查、综合整治范围、综合整治定位和目标、功能控制、城市设计、实施方案、附件、公共服务设施专项研究、历史文化保护与利用专项、城市设计专项研究、交通综合改善专项研究、水资源论证专项研究、市政工程改善专项研究、技术图纸

5.4.1　南头古城：创意文化产业胜地（融贯古今的深港文化之根）

5.4.1.1　南头古城概况

南头古城旧称“新安古城”，是扼守珠江口交通的要道。自东晋设东官郡以来一直是岭南沿海地区的行政管理中心、经济重镇和海防要塞，迄今已有 1000 余年的历史，占地约 $30hm^2$，是深圳、香港发展的共同源头。

区别于其他普通的城中村，南头古城文物保护单位集中，城门、牌楼、县衙等各式古建筑散落在南头古城内，共有 10 处保护建筑、34 处历史建筑，其中南头古城垣是广东省重点文物保护单位，东莞会馆、信国公文氏祠、育婴堂、解放内伶仃岛纪念碑、南头村碉堡等 5 处为市级文物保护单位，具有极高的历史文化价值（图 5-24）。

经过历史变迁，南头古城内清代以前的古建筑遭到很大的破坏，经过深圳快速城市化发展，形成了历史古城与城中村共生的空间混合形态。南头古城包含了千年古城遗迹、百年历史文物、西方教堂建筑、民国时期的青砖灰瓦，还有深圳特色化的城中村“握手楼”（图 5-25）。这种历史文明与现代文化的交融与共存的状态在深圳是独一无二的，在国内其他城市也不多见。可以说，南头古城见证了深圳从边陲小镇发展成为国际化大都市，是深圳历史的缩影。

图 5-24　南头古城文物保护单位

图 5-25 古城与城中村共存

5.4.1.2 南头古城改造模式

南头古城更新的组织模式是政府主导、企业实施、村民参与，充分发挥了政府的统筹协调能力、专业企业的开发运营能力。

（1）南山区政府回租村民物业，引入万科集团改造运营

南山区政府主导编制了《深圳市南头古城保护规划建设实施方案》，明确了南头古城改造的发展定位、实施路径和分阶段实施方案。南山区政府出资回租村内 300 栋房屋，委托万科集团推动南头古城进行改造，改造内容包括地下管网等市政综合工程和建筑风貌改造。同时，委托万科集团负责改造后的运营工作，引入特色业态带动片区发展，万科集团运营产生的收益与政府按照一定比例分成。

（2）万科集团开展综合整治并负责后续运营

万科集团参与南头古城综合整治项目后，对项目范围内的雨污分流、电力、照明、消防等基础设施进行改造，采用微改造方式，对政府回租的房屋进行改造。邀请多家城市规划和建筑设计公司开展重点区域建筑设计，保留岭南古风特色，融入当代审美装饰元素，并在改造中落实。制定商家准入机制，明确南投古城业态，开展招商工作，根据入驻商家的特点，再对建筑内部进行深度改造。在更新完成后，万科集团成立专门机构，对南头古城内政府回租的房屋进行整体管理，管理运营的收益与南山区政府按照一定比例分成（图 5-26）。

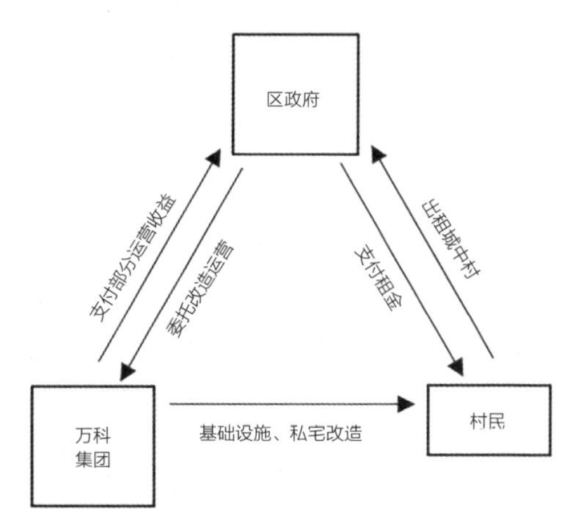

图 5-26　南头古城综合整治模式图

考虑到工程浩大，南头古城改造采取以点带面、先易后难的方式，分期开发各街区，其中中山南街、北街作为示范段改造工程，二期为中山东街、西街及创意厂房、园区改造。

5.4.1.3　南头古城更新效应

（1）特殊活动让古城重新焕发生机

2017 年借深港双城双年展的契机，古城的未来发展引发了社会各界广泛的讨论和关注，政府也积极响应各方呼声，对南头古城采取综合整治的更新模式。综合整治模式为政府主导，企业实施，村民参与。古城基础设施升级、古城修缮保护、街区打造、文化策展、景观环境提升、公共部分建设，以及物业统租均由政府主导投资建设，万科作为代建单位进行规划、设计、施工一体化建设管理，并在政府的指导下搭建运营管理平台。未来将包含文化创意、设计产业、休闲商品、品质居住等多元业态和内容（图 5-27）。

图 5-27　丰富古城公共空间趣味性，增加配套设施

（2）规划建设慢行环路

由于南头古城的现状地铁站点较远，为了改善公共交通品质，南头古城规划了一条特色慢行通道连接南头古城和地铁站，且串联内部文化设施、商业街区和周边城市公园，并预留与深圳大学、前海自贸区的连接。慢行环路空间载体因地制宜地利用路边绿化带、步行街和人行道空间，并且坚持以个性化地面铺装、多样化活力节点、交通无障碍设计、朴实的公共艺术为设计理念，加强了方向引导和文化浏览（图 5-28）。

图 5-28　南头古城内慢行空间与商业业态升级

5.4.1.4　南头古城经验启示

（1）历史古城与现代都市融合

南头古城位于深南大道、南山大道、中山公园围合的区域，古村落与城中村混杂在一起，淹没在都市的摩天大楼之中，导致南头古城与周边城区联系十分薄弱，有如城市中的一个孤岛。为解决南头古城与周边空间割裂的问题，加强南头古城与周边区域连接，南头古城综合整治规划在空间上通过慢行系统和公共空间设计将古城与周边重要功能节点串联，突出古城历史文化资源在城区内的独特价值（图 5-29）。

（2）加强市民对城中村的认同感

南头古城内部在不大拆大建的前提下，通过综合整治的方式，改善人居环境，提高居民日常生活品质，将保护历史遗存与改善人居环境放在同等高度。南头古城在传承历史文化、增加配套服务、落实无障碍设计等方面充分体现了综合整治的效益，增强了社区居民、周边市民对南头古城文化和环境的认知和认同感。

图 5-29　南头古城历史与现代的融合

5.4.2　甘坑小镇：新兴文旅网红地（现代都市里的“桃花源”）

5.4.2.1　甘坑客家小镇概况

甘坑客家小镇位于深圳市龙岗区吉华街道北部甘坑社区，西临坂田街道，北接平湖街道和龙华新区观澜街道，规划用地总面积约 3km^2，基地内东北部及中部地区较低。甘坑是一个具有 300 年历史的客家古村落。

2016 年 5 月，龙岗区引进华侨城集团入驻甘坑，以创意、管理和资本介入，希望通过数字创意的方式让甘坑客家小镇走上高质量发展的道路，从而重新焕发新活力。经过一系列的综合整治工作，“文化 + 旅游 + 城镇化”的新模式让甘坑客家小镇成为深圳文化旅游、城市与自然景观融合的典范。

华侨城集团入驻甘坑客家小镇后，以“传统遇见未来”为定位，通过深挖当地非物质文化遗产客家凉帽，孵化出了极富本土文化特色的 IP 形象——小凉帽，并以客家文化为根，将小镇打造成为荟萃了深圳本土客家民俗、客家民居建筑、客家民间艺术、客家传统美食、客家田园风光于一体的文化旅游景区。

5.4.2.2 甘坑客家小镇改造模式

景观优先，打造形态完整的小镇风貌。以甘坑客家小镇周围自然景观条件为规划设计基础，将小镇的规划设计融入周边山林、谷地风貌当中；以小镇主街及周边客家风情建筑为主题，结合局部改建、建筑风貌统一，打造一条千米级别的客家建筑风貌的街道，串联修复后的客家民居、客家会馆院落，塑造出自然、文化、风貌统一和谐的精品小镇。

功能植入，丰富小镇文化、商业功能。以小镇生态田园为基础，以新老客家文化为内涵依托，以客家风韵建筑、绿色健康生态建筑为空间载体，策划、植入了大量生态度假、特色美食、养生休闲、文化展示、客家会馆、田园体验、环境教育、遗产保护、民俗节庆等主题功能，将甘坑客家小镇建设成体验内容多元的复合型文化旅游目的地（图 5-30）。

图 5-30　甘坑客家小镇内景观风貌与文化植入

5.4.2.3 甘坑客家小镇更新效应

在小镇原有基础上，甘坑客家小镇的开发围绕“文化 + 旅游 + 城镇化”模式，开展整体规划、生态环境治理、旧村改造等核心业务，强调对传统文化的保护和传承、基于土地伦理的产业导入以及城镇综合治理的质量提升，推动区域产业优化升级和城市价值提升，以建设“新型城镇化的国家级标杆”为目标，创建了文化、生态、科技、旅游四位一体、拥有六张国家级名片的特色小镇，并被评选为文化和旅游部八个中国文化旅游融合先导区之一，成为深圳文化强市“示范名片”。

甘坑客家小镇以“修旧如旧”的保护性开发为原则，通过深挖深圳本土客家文化，落地特色文化产业，将文化旅游发展规划融入贯彻到城市建设、生态保护等各类规划中。走进龙岗甘坑客家小镇，人们往往会有种“恍若隔世”之感，传统与现代在这里做出了最为别致又融洽的结合。甘坑客家小镇还在不断地丰富自身的文化内涵，升级自然景观风貌，争取提升整体甘坑片区的规划建设品质，将甘坑片区从街区拓展为城区，再现客家风情文化，将小镇特色文化街区提升为深圳的“后花园”（图 5-31）。

图 5-31 甘坑客家小镇修旧如旧的保护性开发

第6章

研究展望

- “分区划定”机制的困境与探索
- “外部移交”机制的创新与局限
- 总体展望

上述研究成果逐步转化为深圳城市更新的政策和规定，并指导了深圳市城市更新项目的审批和管理，为高度城市化地区规范城市更新规划管理提供了有益借鉴和参考，但是针对城市更新深水期复杂的博弈过程，在城中村分区划定、外部移交机制等一些具体政策实施过程中还是存在问题和挑战，这同时也是未来进一步深化研究的方向。

6.1 “分区划定”机制的困境与探索

6.1.1 “分区划定”机制的困境

分区对更新计划项目管控力度有待加大，划定科学性有待进一步提高。根据 2021 年的统计报告，深圳各区“十三五”期间新批准的更新计划项目仅 38% 位于全市优先拆除重建区、40% 位于并举区、21% 位于白区、1% 位于限制区，未能完全落实规划的要求。

6.1.2 “分区划定”机制的探索

下步需要重点强化对允许拆除重建区的规划引领，引导新申报的城市更新项目向该区域进行集中，提高城市更新对城市中心区、重点片区等区域发展的推动作用。限制拆除重建区应严格落实各类控制线管制要求，对拆除重建行为实施严格管控。分区引导有利于各区政府对辖区内具备一定可行性的潜力项目进行提前筛选，对辖区内更新整备重点发展区域进行提前预判；分区管控规则将明显不符合规则或条件的地块排除在分区范围之外，有利于明确市场预期。

一是实行分区指标控制。确定管控分区划定规模，各区五年规划拆除重建空间范围用地总规模原则上不超过 110km^2，且与各区直接供应用地规模指标相关联。

二是加强刚性传导要求。范围划定时要强化规划引领，衔接落实上层次规划，涉及城市更新和土地整备范围重叠的，优先保障土地整备空间范围。加强市级规划对区级规划的刚性传导要求，各区五年规划拆除重建空间范围用地位于全市优先拆除重建区内的比例原则上不低于 70%。统筹衔接，落实已有限制管控要求。各区按市级规划要求，“十四五”规划不再划定限制拆除重建分区，而将在文本中明确落实城中村综合整治分区和工业保留提升区具体管控要求。

三是保持适度弹性管理。适当增加分区管控弹性，预留全市新增计划规模 10% 的拆除重建空间范围划定弹性指标，在规划期内由市更新整备主管部门统筹，各区视情况提出指标落地申请，获得审查通过后相关指标对应的用地视为自动纳入区级拆除重建空间范围。该部分预留的 10% 弹性指标可适用于规划期内完成城中村综合整治分区占补平衡后进行计划申报的项目。规划期内申报的重点更新单元原则上应当位于市级优先拆除重建区；如位于市级优先拆除重建区之外的，应报市更新整备主管部门审查后报市政府审批，获得批准后增补纳入优先拆除重建区范围。各区将符合棚户区改造政策的旧住宅区纳入各区五年规划拆除重建空间范围的，应先征求市棚改主管部门意见。

6.2 “外部移交”机制的创新与局限

深圳市经过多年实践探索已经构建了较为完善的城市更新体系，《外部移交规定》作为深圳市城市更新体系的政策补充，是在当前深圳市已建成区域公共设施不足的背景下，试图通过市场力量促进公共设施建设的尝试和探索，其在利益协调、政策融合等方面具有一定的创新性，但也存在一些难以避免的问题，在未来的发展中，有待结合政策实践的效果做进一步的探索和完善。

6.2.1 “外部移交”机制的创新

“外部移交”机制设立的初衷是在当前深圳市已建成区域公共设施不足且难以改善的背景下，借鉴开发权转移制度，形成一种切实可行的政策工具，激励市场主体参与公共设施的完善与配套。据初步评估和测算，“十四五”期间，在城市更新用地出让阶段，预计每年可在现有基础上增加约一倍的公共利益用地供应；总结“外部移交”机制的创新点，主要体现在以下两个方面：

①创设“合法用地指标转移”，拓展开发权的概念与内涵。《外部移交规定》结合深圳特殊的产权情况，将合法用地指标作为开发权转移至更新项目，一方面帮助拟申请更新改造的片区突破因合法用地比例不足而立项难的困境，另一方面也形成外部移交用地的市场吸引力，促进了规划为配套设施但现状为建成区的公共利益用地的落实。

②打通政策边界，实现城市更新与土地整备制度的有机衔接。“外部移交”机制的具体方案设计充分考虑了市场主体在外部移交用地中采用城市更新与土地整备两种存量开发方式的均等补偿，实现了这两种存量用地二次开发方式对于公共利益用地的同等保障，把选择权交给权利主体，有助于促进实施。

6.2.2 “外部移交”机制的局限

对比国外广泛应用于农田保护、历史保护等领域的开发权转移实践，可以看到，“外部移交”机制总体上是关注开发大于关注保护或补偿的，其中，容积率转移是重要组成部分之一。这使得其在城市更新实践中，可能出现以下问题：

①空间碎片化问题。市场化体制下城市更新本就存在空间碎片化的问题，外部移交用地以“飞地”的形式被纳入城市更新单元，会进一步加剧空间的碎片化。

②容积率本身的合理控制问题。由于外部移交用地全部是公共利益用地，因此带来的容积会全部转移至更新单元中，虽然《外部移交规定》第九条已明确“计入后的更新项目规划容积应符合《深标》及深圳市城市更新政策相关规定，并满足交通市政设施承载能力

要求”，基本保证了单个项目开发强度的合理性，但并未充分考虑多个项目分散实施带来的“合成谬误”，这可能导致更新单元所在片区出现开发建设强度过高的问题，从而引发人口失控、公共设施超负荷等。

6.2.3 “外部移交”机制的探索

针对外部移交机制的局限，未来将探索强化对涉及外部移交项目的前端审查，在科学合理测算更新项目叠加外部移交用地开发权后，对片区交通市政承载力的影响评估，加强评估结果的刚性运用，通过交通供给、市政支撑、公共配套、剩余开发容量等基础信息预警，为更新项目准入、前置条件设定、更新单元规划规模确定、贡献规模核准、公共设施配建等更新审批环节提供重要参考。

6.3 总体展望

除以上两个具体技术层面的研究重点外，在新型城镇化发展方向下和小底盘超大型城市发展需求的倒逼下，未来深圳城市更新研究还需要在三个方面予以强化。

一是更加注重统筹协调。首先是更新方式的统筹协调，统筹安排拆除重建、综合整治城市更新模式，科学、规范、有序地指导全市城市更新工作的开展，加快城市更新各项目标实现。积极推进城市修补、生态修复，引导城市有机更新，重点关注历史建筑、历史风貌区、特色风貌区的保护活化，以及旧住宅区和城中村的综合整治。其次是宏观、中观、微观三层次的更新规划管理体系的统筹协调。在符合统筹片区划定原则与标准的地区，各区可视情况开展更新统筹片区规划研究。充分衔接更新单元规划和全市、各区更新五年规划，实现从微观开发控制、中观统筹协调到宏观目标调控层层传递的管理机制，全面加强城市更新的统筹引导作用。

二是更加注重全链条管理。加强更新全链条管理，健全计划前端与规划实施后端管控，从静态的“计划—规划—用地”更新管理逐渐转变为“过程式”的综合管控。加强更新五年规划的定期评估与检讨，为提高规划的科学性、合理性和可操作性，要求建立系统的五年规划评估制度，对本规划实施定期评估、检讨以及动态修订。

三是不断完善市更新公众参与机制。建立互动开放的城市更新公众参与制度，将公众参与贯穿于政策与计划制定、规划编制、项目实施与监管的全过程，形成多方互动、和谐共赢的社会参与机制。

附录　深圳市城市更新相关政策文件

1.《深圳市拆除重建类城市更新单元规划容积率审查规定》（深规划资源规〔2019〕1号）

2.《深圳市城市更新项目保障性住房配建规定》（深规土〔2016〕11号）

3.《深圳市拆除重建类城市更新项目创新型产业用房配建规定》（深规土规〔2016〕2号）

4.《深圳市城市更新外部移交公共设施用地实施管理规定》（深府办规〔2018〕11号）

5.《深圳市城中村（旧村）综合整治总体规划（2019—2025）》（深规划资源〔2019〕104号）

6.《深圳市城中村（旧村）综合整治规划编制技术规定》

7.《深圳市城市更新“十三五”规划》（深规土〔2016〕824号）

8.《深圳市城市更新和土地整备“十四五”规划》（深规划资源〔2022〕66号）

参考文献

1. 李江，胡盈盈 . 转型期深圳城市更新规划探索与实践 [M]. 南京：东南大学出版社，2020.

2. 夏民 . 公共利益的法理学思考 [J]. 江苏大学学报（社会科学版），2007，（6）：64-68.

3. Alexander.E.R. The Public Interest in Planning:From Legitamation to Substantive Plan Evaluation[J].Planning Theory, 2002,1(3):226-249.

4. 卡尔 · 施米特 . 宪法学说 [M]. 刘锋，译 . 上海：上海人民出版社，2013.

5. 梁鸿飞 . "公共利益" 的法理逻辑及本土化重探 [J]. 华中科技大学学报（社会科学版），2017，5（18）：84-92.

6. 亨利 · 范 · 马尔赛文，格尔 · 范 · 德 · 唐 . 成文宪法的比较研究 [M]. 陈云生，译 . 北京：华夏出版社，1987.

7. 梁上上 . 公共利益与利益衡量 [J]. 政法论坛，2016（6）：3-17.

8. 颜运秋 . 论法律中的公共利益 [J]. 政法论丛，2004（5）：75-81.

9. 陈珲 . 诉讼视域中的公共利益保护探析 [J]. 中国行政管理，2014（11）：104-108.

10. 李倞，徐析 . 浅析城市有机更新理论及其实践意义 [J]. 农业科技与信息（现代园林），2008（7）：25-27.

11. 唐燕，杨东，祝贺 . 城市更新制度建设：广州、深圳、上海的比较 [M]. 北京：清华大学出版社，2019.

12. 江玉博 . 基于有机更新理念的老旧社区公共空间改造设计研究 [D]. 成都：西南交通大学，2019.

13. 吴良镛 . 北京旧城与菊儿胡同 [M]. 北京：中国建筑工业出版社，1994.

14. 李伯华，杨馥端，窦银娣 . 传统村落人居环境有机更新：理论认知与实践路径 [J]. 地理研究，2022，41（5）：1407-1421.

15. Jacobs J.The death and life of great American cities[M].New York:Vintage Books,1992.

16. 丁凡，伍江 . 城市更新相关概念的演进及在当今的现实意义 [J]. 城市规划学刊，2017（6）：87-95.

17. Sassen S.The mobility of labor and capital:a study in international investment and labor flow[M].Cambridge:Cambridge University Press,1990.

18. 易晓峰 ."企业化管治"的殊途同归：中国与英国城市更新中政府作用比较 [J]. 规划师，2013（5）：86-90.

19. Furbey R.Urban's regeneration :reflections on a metaphor[J].Critical Social Policy,1999,19(4):419-445.

20. 张宇，刘芳 . 盘活存量地，"整备"再发力：对推进深圳土地整备制度建设的几点思考 [J]. 中国土地，2014（9）：23-27.

21. 刘芳，张宇，姜仁荣 . 深圳市存量土地二次开发模式路径比较与选择 [J]. 规划师，2015，31（7）：49-54.

22. 于洋洋，于昭，邹晓东 . 存量土地开发利益共享模式创新研究：以深圳市为例 [J]. 中国土地，2016（7）：35-37.

23. 马祖琦 . 美国土地开发权转移制度研究：理论、评判与思考 [J]. 现代经济探讨，2020（2）：118-124.

24. 王永莉 . 国内土地发展权研究综述 [J]. 中国土地科学，2007，21（3）：69-73.

25. 丁成日 . 美国土地开发权转让制度及其对中国耕地保护的启示 [J]. 中国土地科学，2008，22（3）：74-80.

26. 王国恩，伦锦发 . 土地开发权转移制度在禁限建区管控中的应用研究 [J]. 现代城市研究，2015（10）：89-93.

27. 史懿亭，陈志军，邓然，等 . 减量目标下"开发权转移"的适用性分析：以东莞市水乡特色经济发展区为例 [J]. 城市规划，2019，43（2）：29-34.

28. 王莉莉 . 存量规划背景下容积率奖励及转移机制设计研究：以上海为例 [J]. 上海国土资源，2017，38（1）：33-37.

29. 刘敏霞 . 历史风貌保护开发权转移制度的实施困境及对策：以上海为例 [J]. 上海城市规划，2016（5）：50-53.

审图号：粤 BS（2024）001 号

图书在版编目（CIP）数据

高度城市化地区城市更新规划管理关键技术及应用 / 李江，缪春胜编著 . -- 北京：中国建筑工业出版社，2024.8. --ISBN 978-7-112-29906-5

Ⅰ . TU984.2

中国国家版本馆 CIP 数据核字第 2024MV7647 号

责任编辑：毋婷娴
责任校对：王　烨

高度城市化地区城市更新规划管理关键技术及应用
李　江　缪春胜　编著

*

中国建筑工业出版社出版、发行（北京海淀三里河路 9 号）
各地新华书店、建筑书店经销
北京方舟正佳图文设计有限公司制版
天津裕同印刷有限公司印刷

*

开本：787 毫米 ×960 毫米　1/16　印张：$8^1/_2$　字数：143 千字
2024 年 8 月第一版　2024 年 8 月第一次印刷
定价：**99.00** 元
ISBN 978-7-112-29906-5
（42926）